ÉTUDE PHYSIQUE

DES

SONS DE LA PAROLE

A. PARENT, imprimeur de la Faculté de Médecine, rue Mr-le-Prince. 31

ÉTUDE PHYSIQUE

DES

SONS DE LA PAROLE

PAR

ALBERT DELESCHAMPS

DOCTEUR EN MÉDECINE

OUVRAGE ACCOMPAGNÉ DE 18 VIGNETTES DANS LE TEXTE

PARIS

F. SAVY, LIBRAIRE-ÉDITEUR

24, RUE HAUTEFEUILLE, 24

1869

ÉTUDE PHYSIQUE

DES

SONS DE LA PAROLE

INTRODUCTION

Dans la série de ses célèbres mémoires sur la respiration, présentés à l'Académie des sciences durant les années 1789 et 1790, le fondateur de la chimie moderne, Lavoisier, a posé les bases vraiment scientifiques de la physique appliquée à la biologie.

Depuis cette époque, les diverses branches de la physique physiologique se sont graduellement isolées et développées tour à tour. Les phénomènes calorifiques et électriques qui prennent naissance au sein des organismes vivants ont été longuement étudiés et comparés. La statique, la dynamique et l'hydraulique du corps humain se sont enrichies de travaux nombreux. L'optique physiologique récemment et rapidement constituée s'est montrée prodigue d'applications utiles à l'art de guérir.

Au milieu de cette remarquable évolution des diverses branches de la physique médicale, une seule, l'acoustique était demeurée stationnaire jusqu'à ces dernières années.

Et à cela quoi d'étonnant, les problèmes dont traite cette section des sciences physico-physiologiques ne sont-ils pas des plus ardus, et leur complexité n'est-elle extrême ?

Pour ne citer que deux exemples. Tout familier qu'il soit à nos oreilles, tout simple qu'il nous paraisse, le phénomène du chant ou, pour employer une expression plus générale de la musique, est, si nous l'analysons, un des plus merveilleux qui existent. « Quand nous écoutons un chœur, une symphonie, ce que nous entendons, c'est une commotion de l'air dont la mer soulevée par la plus forte tempête ne peut donner qu'une très-imparfaite idée. Les notes les plus basses perçues par l'oreille sont dues à environ 60 vibrations par seconde, les plus hautes à 8,000 dans le même espace de temps. Considérons donc ce qui arrive dans un *presto*, quand des centaines de voix et d'instruments produisent simultanément des ondes sonores, chaque onde croisant toutes les autres, non pas seulement comme les flots qui glissent l'un sur l'autre à la surface de la mer, mais comme des corps sphériques qui se pénètrent, et cela à ce qu'il semble, sans que toutes ces rencontres produisent aucun trouble que l'on puisse constater. Considérons que chaque note est accompagnée par des notes secondaires. En dernier lieu, souvenons-nous que tout ce jeu croisé d'ondes, tout cet ouragan de son est gouverné par les lois qui déterminent ce que nous appelons l'harmonie et par certaines traditions ou habitudes qui déterminent ce que nous appelons la mélodie » (1). Songons enfin que tout cela doit venir se réfléchir comme une image photographique, sur une plaque microscopique, sur les deux petits organes de l'ouïe, produire là non-seulement une perception, mais un sentiment plus mystérieux encore que nous appelons plaisir ou peine. Ayons tout cela à l'esprit, et il sera clair pour nous que les phénomènes acoustiques sont plus multiples et plus compliqués que tout ce que nous sommes habitués à regarder comme tel, et que cependant ils révèlent au génie d'un Newton ou d'un Fresnel des lois susceptibles d'être déterminées avec la plus rigoureuse exactitude mathématique.

Le second exemple nous est offert par les phénomènes sonores du langage. Y a-t-il rien qui semble plus simple que l'A, B, C, et cependant si nous nous mettons à l'examiner, est-il rien qui recèle plus de difficultés? Où trouvons-nous une définition exacte de la voyelle et de la consonne, de la différence intrinsèque qui les sépare? Les voyelles, nous dit-on, sont de simples émissions de voix, les consonnes ne peuvent être articulées qu'avec l'aide des voyelles. S'il en était ainsi,

____

(1) Max Muller, Science du langage, t. I, p. 142, traduction française; Paris, 1867

des lettres telles que *s*, *f*, *r* ne pourraient être classées comme consonnes, car on n'a aucune peine à les prononcer sans le secours d'une voyelle. Puis, quelle différence entre *a*, *i*, *u*. Aucun philosophe a-t-il donné une définition intelligible de la différence entre le murmure, la parole et le chant, etc.

L'étude de toutes ces sensations de l'organe de l'ouïe tombe dans le domaine des sciences naturelles, et relève tout d'abord de l'acoustique physiologique.

Jusqu'ici on n'avait traité avec détails la science des sons que dans sa partie purement physique; c'est-à-dire qu'on avait étudié les mouvements des corps sonores, solides, liquides et gazeux, lorsqu'ils apportent à l'oreille un son perceptible. Dans son essence, cette acoustique physique n'est rien autre qu'un chapitre de la théorie des mouvements du corps élastique. On n'y prend en considération les phénomènes de l'ouïe que parce que l'oreille fournit le moyen le plus commode d'observer les rapides vibrations des corps élastiques. Aussi, jusqu'à ces années dernières, l'acoustique physique a-t-elle bien recueilli en grand nombre des découvertes et des observations qui appartiennent à la science des phénomènes de l'audition et par conséquent à l'acoustique physiologique, mais ce n'était point là l'objet des recherches effectuées, et tous ces résultats n'ont été trouvés qu'accidentellement, morceau par morceau (1).

À côté de l'acoustique physique, il existe une acoustique physiologique qui a pour objet l'étude de la perception des sons et de ses qualités. Cette étude a

(1) He.moltz. Théorie physiologique de la musique, traduct. française; Paris, 1868, p. 5.

été depuis quelques années, particulièrement en Allemagne et en Angleterre, l'objet de nombreux travaux. Bien qu'il n'y ait pas encore dans cette voie un grand nombre de résultats établis d'une façon certaine, cependant déjà, la science s'est enrichie de données précieuses. Un phénomène acoustique, digne de l'attention du médecin à tous les égards, la parole, a été spécialement l'objet de travaux considérables, et aujourd'hui l'analyse des sons élémentaires de la parole a fait des progrès considérables, grâce aux profondes et laborieuses études qu'ont poursuivies séparément les physiologistes, les physiciens qui s'occupent d'acoustique, et les philologues (1).

En effet, la voix humaine ouvre à l'observateur un champ où se rencontrent trois sciences distinctes :

Le son, qui est comme la substance même de la parole, doit être analysé par le mathématicien et le physicien ; les modifications qu'impriment au son les instruments de la parole relèvent des physiologistes, enfin l'histoire de la parole, les sons concrets et complexes dont se composent les langues et qui sont devenus les signes de la pensée rentrent dans le domaine des linguistes.

En généralisant ainsi l'étude de petits faits qui semblent en apparence manquer de destinée et de signification, la science du langage devient une science vivante, qui jette de grands jours sur la marche de la civilisation. Elle devient une section importante de

____

(1) Citons entre autres : Gerdy, Helmoltz, Brücke, Müller, Donders, Czermak, Broca, Wheatstone, Willis, Kœnig, Max Muller, Humbold, Littré.

l'anthropologie en particulier, science de civilisation et de progrès, qui recherche les lois présidant à l'évolution des peuples et demande à toutes les branches du savoir humain les données nécessaires pour resserrer leurs liens et assurer à tous et à chacun les moyens de développer et de faire fructifier librement les efforts de son intelligence et de contribuer pour sa part à l'amélioration constante de l'humanité.

Dans de telles conditions, il est absolument nécessaire que tous les intéressés réunissent leurs efforts pour tirer de toutes ces recherches éparses un heureux ensemble de résultats.

Or, aujourd'hui les données que les expériences et les observations des physiciens physiologistes ont fournies au problème du langage parlé sont assez nombreuses pour qu'elles méritent d'être rapprochées. C'est là le but que nous nous sommes proposé en écrivant ces quelques pages.

Notre travail est divisé en trois chapitres.

Le premier est consacré à l'exposé sommaire des principales propriétés du son en général.

Dans le second nous examinons les sons de la voix, envisagés au triple point de vue de la hauteur, de l'intensité et du timbre.

Enfin, nous avons réservé pour le dernier chapitre l'étude de la composition des éléments de la parole, du son voyelle en particulier.

Malgré les récentes découvertes qui ont fait sortir le problème de la parole des stériles logomachies dans lesquelles il s'agitait depuis trop longtemps, les désidérata que présente ce point cependant très-restreint de l'histoire du langage humain sont encore très-nombreux. Nous terminons en signalant les grandes lacunes que présente cette magnifique question qui a exercé la curiosité et la sagacité des chercheurs de tous les temps.

CHAPITRE Ier.

GÉNÉRALITÉS SUR LE SON.

§ 1.

On appelle *son* l'impression perçue par l'oreille. La sensation auditive est la réaction particulière à l'oreille en présence d'une cause extérieure d'excitation. Les ébranlements des corps élastiques entendus par l'oreille sont aussi perçus par la peau, non plus comme un son, mais comme des trépidations.

Les impressions dont le siége est l'oreille se distinguent habituellement en : *bruits* et *sons musicaux*. Le grondement, le gémissement, le sifflement du vent, le bruissement des feuilles, le bruit que fait l'eau en tombant du robinet d'une fontaine, le roulement d'une voiture sur le pavé sont des exemples de la première espèce des sensations auditives ; les sons de tous les instruments de musique nous offrent des exemples de la seconde. Entre le son et le bruit, il n'existe aucune différence d'essence ou de nature, mais seulement une différence de forme. Le son et le bruit peuvent s'associer dans des rapports très-variables et se confondre dans les transitions de l'un à l'autre. Quelquefois, la distinction entre le bruit et le son peut n'être qu'une affaire de convention; mais les termes extrêmes sont très-nettement séparés.

Pour découvrir la raison de la différence entre le son et le bruit, il suffit dans la plupart des cas d'une observation attentive. Avec le secours de l'oreille, soit seule, soit mieux encore armée du cornet analyseure d

Kœnig perfectionné par M. Daguin (1), on reconnaît que tantôt certains bruits se composent d'une suite rapide de sons de courte durée presque instantanés et plus ou moins dissonants ; que d'autres fois on nomme bruit un mélange confus de sons que l'oreille ne parvient pas à confondre dans une sensation homogène.

Une sensation musicale apparaît à l'oreille comme un son parfaitement calme, uniforme et invariable ; tant qu'il dure on ne peut distinguer aucune variation dans ses parties essentielles, tandis que, dans un bruit, de nombreuses sensations auditives sont irrégulièrement mélangées et se heurtent l'une à l'autre. On peut effectivement composer un bruit, avec des sons par exemple, en frappant à la fois toutes les touches d'un piano dans l'intervalle de une ou deux octaves. D'après cela, les sons musicaux constituent évidemment les éléments simples et réguliers des sensations auditives, et c'est sur eux que nous pouvons étudier les lois et les propriétés de ces sensations.

La cause normale et habituelle des impressions de l'oreille humaine est l'ébranlement de la masse d'air ambiante.

« La nature de ces ébranlements est connue ; ce sont des *vibrations*, c'est-à-dire des mouvements de va-et-vient du corps sonore, et ces vibrations doivent être régulières, périodiques. Par mouvement périodique, nous entendons celui qui dans des périodes égales repasse toujours exactement par les mêmes états. La longueur constante de la période qui s'écoule entre

(1) Mémoire de l'Académie de Toulouse, 6ᵉ série, 1864.

les deux reproductions successives du même état de mouvement s'appelle *durée de la vibration* ou période du mouvement. Quant à la nature du mouvement exécuté par le corps vibrant pendant la durée d'une période, il est tout à fait indifférent » (1).

Nous dirons donc que la sensation du son musical est causée par les mouvements rapides et périodiques des corps sonores la sensation du bruit par des mouvements non périodiques.

§ 2.

Lorsque les particules d'un corps élastique sont écartées momentanément de leur position naturelle, elles y reviennent par une suite d'oscillations isochrones. Ces mouvements se communiquent à l'air, corps compressible et élastique, y produisent des condensations et des dilatations alternatives qui sont d'abord excitées dans les couches de ce fluide les plus voisines des corps agités, mais qui de là se propagent non loin dans toute la masse de l'air. Ces changements alternatifs et périodiques de densité se succèdent sans interruption aussi longtemps que le corps sonore excitateur continuera à vibrer à l'origine de la ligne d'air qui s'entend entre l'oreille et le corps vibrant. De sorte qu'après un nombre n de vibrations il y a sur cette ligne d'air un nombre n d'ondes égales, mais de natures alternativement contraires, c'est-à-dire alternativement condensantes et raréfiantes, lesquelles courent à la suite des unes des autres et occupent ensemble une longueur totale égale à leur somme. Si

(1) Helmoltz, Théorie physiol. de la musique, traduct. française; Paris, 1868, p. 10.

donc il existe sur la ligne d'air un organe propre à être ébranlé par ces ondulations, l'observateur qui en est doué aura la sensation du son produit par le corps sonore. La périodicité des ondes, leur durée, leur force, la loi progressive suivant laquelle chacune d'elles fait varier la densité des particules aériennes seront autant de caractères sensibles à l'aide desquels l'organe pourra distinguer les différents sons et y reconnaître des qualités diverses. L'acuité plus ou moins grande est liée avec la rapidité des vibrations elle sera donc indiquée à l'organe par la rapidité avec laquelle les ondes alternatives se succèdent. Quant à l'intensité, elle dépendra de l'étendue des excursions des particules aériennes successivement agitées, de l'énergie des condensations et des dilatations passagères que chaque onde produira en elles, et enfin, du nombre plus ou moins grand de particules qui éprouveront ces effets et les transmettront simultanément à l'organe auditif.

« D'après ces considérations, on conçoit que le commencement et la fin des ondes doivent produire peu d'impression sur l'organe puisqu'alors les déplacements des particules et leurs variations de densité sont très-faibles. Néanmoins, comme les sensations durent et subsistent encore un certain temps même après que la cause qui les produit a cessé, il doit arriver, et il arrive en effet, quand les vibrations sont fort rapides, que l'impression laissée par le milieu des ondes sonores couvre la faiblesse de leurs extrémités de telle sorte qu'il en résulte une sensation qui devient continue par la seule périodicité de la cause qui l'excite. C'est ce qui a lieu dans tous les sons que la musique emploie. Mais si la succession des vibrations devient assez lente pour que l'oreille puisse y suivre des périodes d'intensité et distinguer leurs intervalles, on doit au lieu d'un son continu entendre une suite de bruits ou de battements périodiquement réglés » (1).

L'expérience apprend que notre oreille est affectée par les ébranlements de l'air lorsque leur nombre ne dépasse pas les limites suivantes : 32 vibrations simples (2) par seconde pour les sons graves, et pour les sons aigus, 70,000 vibrations environ. L'en-

(1) Biot, Traité élémentaire de physique.

(2) Nous nommons *vibration simple* ou *vibration* tout mouvement propulsif ou apulsif qui comprime ou dilate l'air, et *vibration double* l'ensemble de l'aller et du retour du corps sonore déterminant une condensation et la dilatation qui la suit.

Il importait de faire cette remarque, car déjà plusieurs physiciens français (Jamin, Traité de de physique, t. II, p. 501; Paris, 1868, et Verdet, Cours de physique, p. 10; Paris, 1869), à l'exemple de ce qui se faisait depuis longtemps en Angleterre et en Allemagne, ont donné au mot vibration une signification différente de celle encore admise par la majorité de nos acousticiens modernes.

Voici ce que dit Verdet, page 10 de son Cours de physique professé à l'École polytechnique : « La roue dentée de Savart et la sirène montrent que les mouvements communiqués à l'air sont évidemment périodiques; mais on doit remarquer :

« 1° Que l'air chassé de sa position primitive par une impulsion brusque ne prend pas pour revenir à cette position un mouvement égal et contraire à celui qui l'en a écarté;

« 2° Qu'entre deux impulsions successives l'air est probablement quelque temps en repos, et qu'assurément il n'accomplit pas, de l'autre côté de sa position d'équilibre, une excursion égale à celle qu'il avait accomplie sous l'influence de l'impulsion;

« 3° Qu'une sirène et une roue dentée, lorsque le nombre des chocs périodiques qu'elles produisent en un temps donné est le même, donnent des sons de même hauteur, bien que les mouvements de l'air ne soient pas identiques dans les deux cas;

« 4° Que le son d'une sirène ou d'une roue dentée, à même hauteur que le son d'un corps qui vibre en vertu de son élasticité, si le

semble représentant un intervalle de 11 octaves $2^5 = 32$ et $2^{16} = 70656$), et que cette impression produit en nous la sensation sonore. En effet, Despretz a pu entendre un son faisant 65,536 vibrations par seconde (ut_{10}), il produisait ce son en frottant avec un archet un diapason fort petit. Les sons d'une aussi grande acuité impressionnaient l'oreille de la manière la plus désagréable. D'un autre côté Savart a prétendu à diverses reprises qu'il avait pu à l'aide d'un instrument particulier percevoir un son produit par 14 ou 16 vibrations par seconde; mais d'après Helmoltz et Despretz, cette assertion doit reposer sur une erreur. M. Helmoltz prétend même que les sons ne commencent à devenir perceptibles que vers 60 vibrations par seconde; suivant lui, le son fondamental des

nombre des chocs périodiques est égal au nombre de *vibrations* du corps élastique, c'est-à-dire double du nombre des oscillations égales et contraires dont chaque vibration de ce dernier corps est composé.

« Le caractère musical des sons produits par ces deux appareils n'étant pas d'ailleurs moins accusé que celui des sons d'une corde ou d'une verge, on voit que la *périodicité* du mouvement vibratoire est le seul élément nécessaire à la perception de la hauteur.

« Dès lors, pour définir la hauteur, il est rationnel de donner la durée de la période entière plutôt que celle d'un son multiple, c'est-à-dire le nombre des vibrations complètes plutôt que le nombre des oscillations.

« ..... On conçoit sans plus de détails comment deux sons qui ont la même période et qui apportent à l'oreille, en même temps, la même quantité de force vive, peuvent cependant différer entre eux d'une infinité de manières. »

Dans ces quelques lignes, la signification des mots vibration complète ou double, vibration simple, ou mieux oscillation, se trouve précisée d'une façon très-nette, et nous croyons qu'il y a avantage à employer le mot vibration pour désigner une période entière du mouvement des corps sonores. Cependant, pour ne point nous écarter des idées acceptées généralement jusqu'aujourd'hui, dans le présent travail, la hauteur des sons sera estimée en vibrations simples, à moin d'indications contraires.

tuyaux de 32 pieds, savoir 32 vibrations à la seconde; se perçoit comme une série de chocs séparés, et ce que l'on croit entendre sont des harmoniques supérieurs. M. Helmoltz a fait des observations sur ce sujet, à l'aide d'une corde métallique tendue sur une caisse de résonnance munie d'une seule ouverture communiquant avec l'oreille par un tuyau de caoutchouc. Cette corde étant lestée d'un léger poids qu'on plaçait de manière à éteindre les harmoniques élevés que la corde pouvait rendre. Le son le plus grave était le si_2 de 62 vibrations. Du reste, il faut bien savoir que les limites de perceptibilité sont variables pour les diverses personnes et qu'elles dépendent surtout de l'amplitude des vibrations. Ajoutons que le caractère musical des sons qui atteignent aux limites, soit graves, soit aiguës, où s'arrête la faculté que possède l'oreille de réunir les vibrations en un seul son est à peine perceptible et que l'on ne peut plus distinguer les intervalles.

L'*ut*, le plus bas dès nouveaux pianos à 7 octaves, celui que donnent les tuyaux d'orgue ouverts de 16 pieds (l'octave inférieur, de l'*ut* le plus bas de la voix humaine, ou *ut* grave du violoncelle) fait 64 vibrations par seconde, il est voisin de la limite des sons perceptibles. Tout le monde a remarqué que les dernières graves notes du piano ont un son mat et mauvais, on ne peut plus juger facilement de leur hauteur et de leur pureté. L'*ut* correspondant du jeu d'orgue est un peu plus vigoureux, mais l'oreille est encore incertaine sur la hauteur musicale du son. Dans les grands jeux d'orgue qui embrassent à peu drès complétement le champ des vibrations percep-

tibles, presque 10 octaves, il y a une octave entière
au-dessous de cet ut ; jusqu'à la double octave de l'*ut*
de la basse qui ne fait plus que 32 vibrations par seconde, et qui est donné par un tuyau ouvert de 32
pieds. Mais, comme nous l'avons dit, l'oreille ne perçoit plus guère ces sons que comme un bourdonne-
ment. Aussi, ces dernières notes ne peuvent-elles être
employées en musique qu'associées à leurs octaves
supérieures auxquelles elles communiquent une expression de grande profondeur, en laissant encore ap-
préciable la hauteur du son.

§ 3.

Les sons d'un bon emploi en musique et dont
la hauteur peut-être estimée exactement ne dépas-
sent guère les limites de 6 octaves et demie, ils sont
compris entre 80 vibrations, qui représente la dernière note de la contre-basse (mi_{-1}) et 4,000 vibrations.
(La note la plus aiguë de l'orchestre est le $ré_6$ de
la petite flûte avec 4,266 vibrations.)

Sur les grandes orgues on descend plus bas que mi_{-1}
puisque le tuyau le plus long a 32 pieds, et donne au
son fondamental de 16 vibrations. Mais nous avons
déjà dit que la valeur musicale de ce son était con-
testable. Pour fixer les idées relativement à la hauteur
absolue des sons employés dans la musique moderne, voici quelques nombres empruntés au tableau
calculé par M. Kœnig (1), d'après le diapason ordinaire, la_3 ou second la du violon, $= 853, 33$ vibra-

(1) Tableau général du nombre de vibrations de la série des sons
musicaux, par R. Kœnig. Une feuille in-folio.

tion (1). — Nous indiquons, en même temps, la dénomination des diverses octaves que forme la série des sons d'orchestre et l'accentuation particulière qui sert à les distinguer.

Le son le plus grave de l'orgue, celui du tuyau de 32 pieds, est le premier son de l'octave-$_2$. Il correspond à 32 vibrations par secondes.

L'octave-2 commence à ut-$_2$ et finit à ut-$_1$ (2). Les sons qu'elle renferme sont tous donnés seulement par les grandes orgues; un petit nombre d'instruments de cuivre peuvent produire quelques notes de cette octave.

Par l'ut grave des nouveaux pianos commence l'octave-1, qui s'étend de ut-$_1$ à ut_1 il correspond à 64 vibrations. Le mi de cette même octave est le son le plus grave de la contre-basse, mi-$_1$ = 80, le fa est donné par la plus longue corde de la harpe, fa-$_1$ = 85,33.

(1) Le diapason normal a été fixé par l'arrêté ministériel du 15 février 1859 à 870 vibrations simples. (Voyez Moniteur universel du 25 février 1859.)

(2) Les musiciens et les physiciens allemands désignent ainsi les sons de la gamme :

ut	ré	mi	fa	sol	la	si
C	D	E	F	G	A	H

Il faut savoir, en outre, que la notation des octaves successives adoptée par les Allemands diffère un peu de la nôtre, et ce qu'ils admettent l'octave 0, de telle sorte que

notre octave -$_2$	correspond à leur	octave -$_2$
octave -$_1$	—	octave -$_1$
octave 1	—	octave 0
octave 2	—	octave 1
octave 3	—	octave 2
. . . .	—	. . . .

Le premier son de l'octave 1 qui s'étend de ut_1 à ut_2, est donné par la plus grosse corde du violoncelle, $ut_1 = 128$. Les voix de basse profonde descendent jusqu'au $fa_1 = 170,66$.

L'octave 2 est comprise entre ut_2 et ut_3 ; $ut_2 = 256$ est le son le plus grave de l'alto, la corde filée du violon donne $sol_2 = 384$ vibr.

L'octave 3 s'étend de ut_3 à ut_4 ; $ut_3 = 512$ est le son le plus grave de la flûte, c'est aussi le son le plus grave des voix de soprano.

L'octave 4, qui va de ut_4 à ut_5, commence par le son grave de la petite flûte (piccolo), $ut_4 = 1024$. Les voix aiguës de soprano s'élèvent jusqu'à $la_4 = 1706$.

L'octave 5, de ut_5 à ut_6, commence par le son le plus aigu de l'alto $ut_5 = 2048$.

Les limites de l'octave 6 sont ut_6 et ut_7, $ut_6 = 4096$ est le son aigu extrême du piano. Le violon ne donne ordinairement pas de son supérieur au $mi_6 = 5120$ par seconde ; « je ne parle pas des effets produits par certains virtuoses échevelés, qui cherchent volontiers, dans les notes élevées, des motifs capables de donner à leurs auditeurs des maux de cœur inouïs » (1) ; la corde la plus courte de la harpe donne $re_6 = 4696$, enfin, les sons d'orchestre les plus aigus correspondent au $si_6 = 7372,80$ et à l'$ut_7 = 8192$ vibrat., ce dernier son étant donné par le plus petit tuyau de l'orgue.

Voici (fig. 1) comment les musiciens représentent graphiquement la série des gammes.

(1) Helmoltz, Conférence faite, à Bonn, sur les causes de l'harmonie musicale. Revue des cours scientifiques, 16 février 1867.

(Fig. 1.)

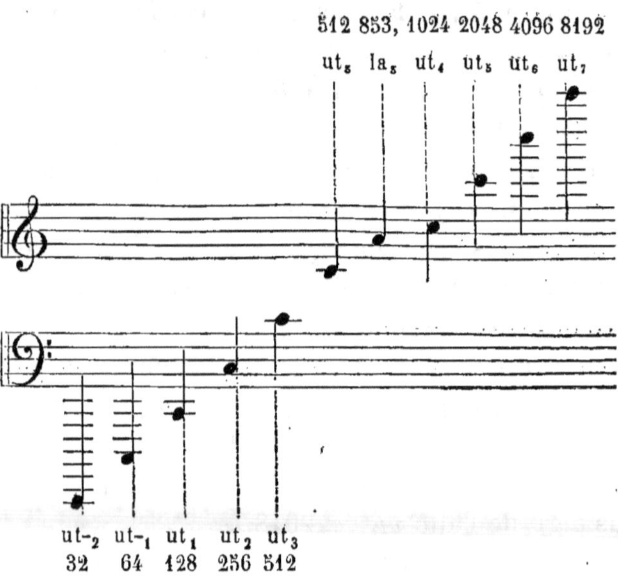

Notre oreille, surtout lorsqu'elle est habituée à la musique, jouit d'une finesse réellement merveilleuse dans la comparaison du nombre de vibrations de deux sons différents. Le physicien A. Seebeck qui s'es beaucoup occupé d'acoustique, avait deux diapasons dont il avait déterminé scientifiquement le nombre de vibrations, pendant que l'un d'eux faisait 1200 vibrations, l'autre en faisait 1201 ; cet intervalle, exprimé en langage musical, comporte un quinzième de comma. Seebeck distinguait lui-même l'un de ces sons de l'autre, et deux musiciens auxquels il les fit entendre, n'hésitèrent pas un instant à déclarer que les deux sons différaient et ils indiquèrent lequel des deux était le plus élevé (1).

(1) Conférence de Zurich, par Clausius. Revue des cours scientifiques, 20 janvier 1866.

Au point de vue musical, la hauteur absolue des sons importe beaucoup moins que le rapport entre leurs nombres de vibrations. C'est de ces rapports que dépend le plaisir que nous cause la réunion de certains sons. « Un accord étant nommé le mélange de deux ou plusieurs sons qu'on entend à la fois; quand l'oreille découvre aisément un rapport qui règne entre deux sons, leur accord est nommé une consonnance, et quand ce rapport est très-difficile à découvrir ou même impossible, l'accord est nommé plus exactement dissonnance. » (1). En d'autres termes, quand deux notes sont dans le rapport de deux nombres entiers très-simples, elles forment une consonnance. Les dissonnances sont produites par des rapports complexes.

Les rapports des différentes notes de la gamme à la première, constituent ce que les musiciens appellent leur *intervalle*. Les noms des intervalles rappellent simplement la position des notes dans la gamme; ils sont exprimés par les nombres suivants :

ut — ut	unisson	1 : 1
ut — ré	seconde	8 : 9
ut — mi	tierce	4 : 5
ut — fa	quarte	3 : 4
ut — sol	quinte	2 : 3
ut — la	sixte	3 : 15
ut — si	septième	8 : 5
ut — ut$_2$	octave	1 : 2
ut — ré$_2$	neuvième	4 : 9

(1) Lettres d'Euler, Lettre IV.

ut — mi_2	dixième	2 : 5
ut — fa_2	onzième	3 : 8
ut — sol_2	douzième	1 : 3
ut — ut_3	double octave	1 : 4
ut — mi_3	dix-septième	1 : 5

§ 4.

Deux sous de même hauteur peuvent différer d'intensité, et la différence dépend alors de ce que les oscillations qui produisent l'un sont plus vigoureuses que les oscillations de l'autre. Lorsqu'on frappe un seul coup sur un timbre, le son, d'abord très-intense, s'affaiblit graduellement à mesure que le métal rentre au repos.

Quand on compare deux sons d'inégale hauteur, il est difficile de mesurer leur intensité relative et on ne peut plus dire qu'elle dépende uniquement de l'amplitude des oscillations, car l'oreille n'est point également sensible à toutes les notes de l'échelle musicale. Ainsi, pour, ne citer qu'un exemple : Les notes, depuis le mi_6 jusqu'au sol_6 qui appartiennent à la dernière octave du piano sont enflées d'une manière toute spéciale par la résonnance de l'oreille externe, parce que, en raison de ses dimensions, le conduit auditif est accordée pour l'un de ces sons. Les sons acquièrent alors un timbre particulièrement mordant, et on serait facilement porté à croire que les marteaux sont trop durs ou que le mécanisme n'est pas le même que pour les sons voisins ; ces sons affectent même doulou-

(1) Helmoltz, Op. cit. p. 146 et 147, passim.

reusement une oreille délicate. Au reste, on sait que les chiens eux-mêmes sont sensibles à ces sortes d'impressions ; leur ouïe est froissée par le *mi* suraigu du violon, il les fait hurler.

§ 5.

L'intensité et la hauteur ne sont pas les deux seuls caractères distinctifs que nous trouvons dans les sons, il en est un troisième, le *timbre*, c'est-à-dire cette qualité particulière des sons qui fait que l'oreille distingue l'un de l'autre deux sons de même hauteur et de même intensité émis par deux instruments différents.

L'amplitude et la durée des vibrations déterminent l'intensité et la hauteur des sons ; toutes les autres qualités que l'on comprend sous l'expression générale de timbre ne peuvent dépendre que de la loi suivant laquelle le déplacement et la vitesse d'une molécule vibrante varient avec le temps pendant la durée d'une vibration. Ce point de vue est depuis longtemps celui de tous les physiciens, mais les expériences de Helmoltz en sont la première application sérieuse.

Le timbre dépend de l'espèce et de la nature du mouvement dans l'intervalle de la période de chaque vibration isolée. Pour la production d'un son musical, le mouvement d'un corps sonore doit être seulement périodique, c'est-à-dire, exactement semblable dans chaque période de vibration à ce qu'il était dans la période précédente. Quant à la nature du mouvement dans chaque période, elle est tout à fait indifférente, si bien que sous ce rapport les variétés de mouvement sonore sont encore en nombre infini (1).

Il suit de là, que dans l'intérieur de la masse d'air qui enveloppe le corps vibrant, la distribution de pression et de densité sera fort différente, suivant la nature du mouvement vibratoire. Pour représenter les états de condensation et de dilatation de l'air conducteur du son, aux divers points de l'onde sonore; sur une ligne d'une longueur égale à celle de l'onde sonore, et divisée en un certain nombre de parties égales, on élève des perpendiculaires aux points de division et on porte sur chacune d'elles une longueur proportionnelle à la vitesse vibratoire de l'air dans le point correspondant de l'onde aérienne. En joignant les extrémités de toutes ces perpendiculaires on a la courbe figurative des vitesses vibratoires des molécules d'air sur le trajet de l'onde sonore.

La forme de cette courbe dépend de la loi du mouvement vibratoire du corps sonore, et chaque mouvement vibratoire est caractérisé par une courbe spéciale. L'usage de ces courbes s'est tellement étendu que peu à peu on en est venu à apporter, dans la description du phénomène, des expressions qui ne devraient s'appliquer, à la rigueur, qu'aux courbes à l'aide desquelles on facilite leur interprétation. Ainsi, on a pris l'habitude de parler de la forme d'un mouvement périodique en songeant toujours à la ligne sinueuse par laquelle on peut en figurer toutes les circonstances. Chaque sinuosité représente une vibration, et la forme de ces sinuosités est en rapport avec

(1) Helmoltz, Op. cit., p. 25.

le mode particulier du mouvement propre au corps
vibrant considéré.

On dit dans ce sens que le timbre dépend de la
forme de l'onde, mais c'est là, on doit l'avouer, une
de ces explications qui n'expliquent rien. On peut bien
admettre d'une façon vague que les inflexions plus ou
moins aiguës, les courbures plus ou moins arrondies
de l'onde sonore aient de l'influence sur la qualité du
son; mais où est le rapport direct entre cette géomé-
trie et les impressions que produisent sur nous des
timbres différents?

Tel est le problème qu'Helmoltz a résolu d'une façon
très-remarquable. Il a cherché l'explication du timbre dans la résonnance multiple des corps, phénomène connu depuis longtemps, des musiciens et des
physiciens (1), mais qui n'avait pas été avant lui suffisamment approfondi.

(1) Le fait de la résonnance multiple est signalé par la plupart des
anciens physiciens qui se sont occupés d'acoustique. Descartes, dans
son traité de musique mis en français par N. P. P. D. L. (Paris, 1648),
dit, en parlant de l'octave, p. 61 : « On n'entend jamais aucun son,
que son octave en dessus ne semble frapper les oreilles en quelque
façon. » Le Père Mersenne, dans ses *Cogitata physico - mathematica*
(Paris, 1644), consacre à l'examen des sons simultanés la 5ᵉ proposition de son Traité de l'harmonie, page 354, et il donne pour titre à
cette proposition : Præstantissimos musicos de maximis, quæ super-
« sunt in sonis difficultatibus investigandis et solvendis admonere. Le
même auteur a étudié ce sujet dans les Mémoires de l'Académie
royale des sciences (année 1701) et dans son Système général des intervalles, pages 299 et 303. Wallis, *in* Algebra, vol. II, page 466, fait
mention des sons des parties aliquotes comme d'une découverte faite
par Noble et Pigot à Oxfort, et à lui communiquée en 1676 par Nar-
cissus Marsh. Enfin Rameau, dans ses Éléments de musique (Lyon,
1762), accorde une grande importance, au point de vue des lois de la
combinaison harmonique des sons, aux rapports existant entre les divers sons simultanés des cordes, des cloches, des tuyaux d'orgue, de
la voix humaine. C'est même à ce grand musicien que l'on doit
l'expression *son fondamental* (Rameau, Nouveau système de musique

En général, les corps sonores exécutent en même temps plusieurs vibrations (1), et rendent à la fois autant de notes différentes qui constituent un *son composé*. Aussi, avec une attention suffisamment soutenue dans tout son musical, l'oreille distingue une série de sons distincts appelés par Helmoltz *sons élémentaires* ou *partiels*. Le premier est le *son fondamental;* les autres, plus élevés, sont les *harmoniques*.

La série des sons partiels est exactement la même pour tous les sons musicaux, seulement, la décomposition d'un son composé en son partiel n'est pas également facile pour tous les sons; quelquefois, par le secours de l'audition simple, on n'arrive à analyser les sons que d'une manière très-imparfaite. Helmoltz a trouvé un moyen tout à fait physique et indépendant de l'oreille pour décomposer le son le plus complexe et discerner dans un mélange confus de sons les notes partielles les plus fugaces avec une précision et une sûreté extrêmes.

La nouvelle méthode repose sur la vibration du corps par influence. Tout corps sonore se met en vibration si on fait entendre dans son voisinage une note d'une hauteur égale à celle qu'il peut donner, et et il ne résonne que sous l'influence de sons ayant cette hauteur.

Les appareils imaginés par le savant physicien de Heidelberg reposent sur l'emploi des *résonnateurs*.

théorique; Paris, 1726, préface, p. 1); il nomme en outre *sons supérieurs* ceux qui accompagnent le son fondamental. Ce mot est plus exact que celui d'harmoniques aujourd'hui employé, car plusieurs sons supérieurs forment des dissonnances avec le son fondamental.

(1) Voir, sur la résonnance multiple des corps, un travail de Duhamel : Annales de chimie et de physique, 3ᵉ série, t. **XXV**.

(Fig. 2.)

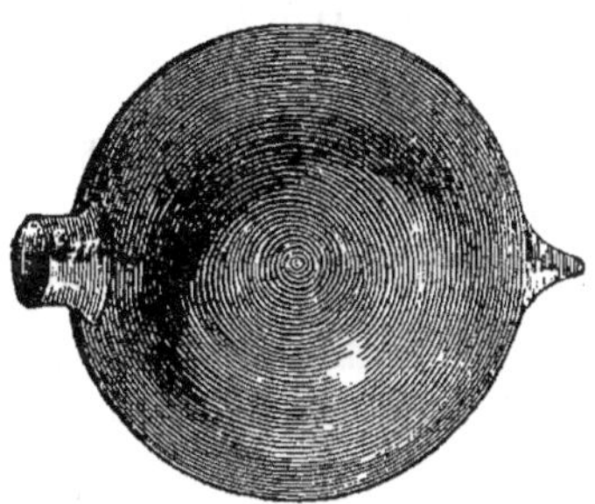

Ces résonnateurs (fig. 2) sont des tubes creux en cuivre accordés pour certaines notes et munis de deux ouvertures dont l'une établit la communication avec l'air ambiant pendant que l'autre, surmontée d'un petit tube, est enfoncée dans l'oreille. Si le mélange de sons harmoniques qui forme un son musical donné contient le note propre du résonnateur, elle est renforcée et on l'entend résonner très-distinctement.

M. Kœnig a perfectionné le résonnateur (fig. 3). Au lieu de placer le bec B du résonnateur dans l'oreille, contre la membrane du tympan, il le fait communiquer par un tube en caoutchouc C'B avec une capsule manométrique DC'L (1). Toutes les fois que le résonna

(Fig. 3.)

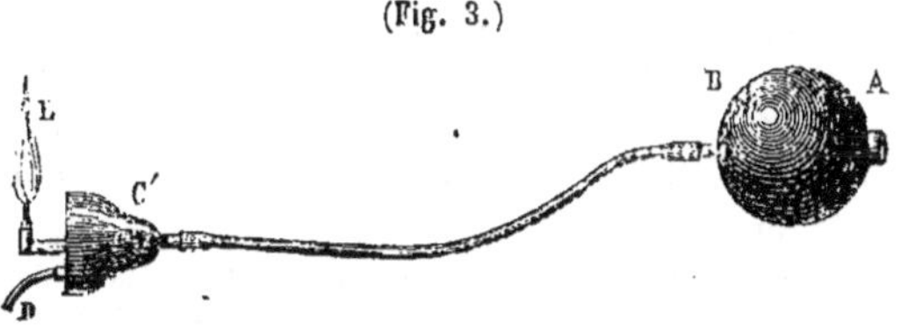

(1) Un gaz combustible, tel que le gaz d'éclairage, vient brûler à l'extrémité d'un tube étroit, F (fig. 4) après avoir traversé une capsule

teur parlera, la flamme manométrique sera agitée, et si on la regarde par réflexion dans un miroir tournant, on verra non pas une traînée continue de lumière, mais une ligne brillante sinueuse.

En étudiant les divers sons musicaux à l'aide des résonnateurs, Helmoltz a reconnu que la série des harmoniques était la même pour tous les sons musicaux, c'est-à-dire correspondant à un mouvement périodique de l'air. Elle comprend :

1° L'octave supérieure du son fondamental exécutant deux fois plus de vibrations que ce dernier. Si le son fondamental est ut_1, cette octave supérieure sera ut_2 ;

2° La quinte de cette octave sol_2 faisant trois fois plus de vibrations que le son fondamental.

(Fig. 4.)

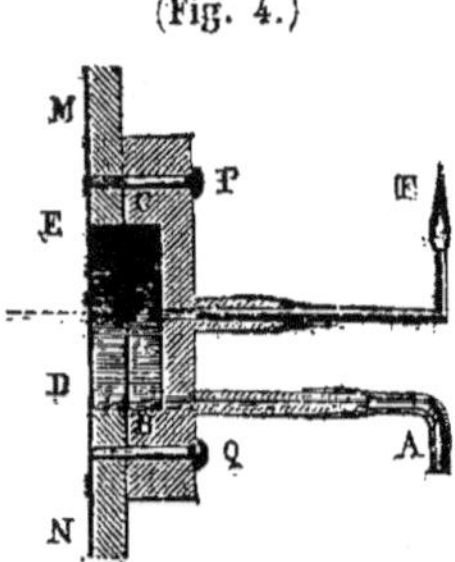

en caoutchouc C'. Comme le gaz possède une pression un peu plus grande que la pression atmosphérique, il gonfle légèrement la paroi élastique C B de la capsule. Si on applique la capsule sur un corps en vibration, par exemple sur un tuyau d'orgue dont la paroi M N est percée d'une ouverture E D, la paroi suit les mouvements de ce corps, et la flamme s'allonge et se raccourcit alternativement suivant que la capacité de la capsule est augmentée ou diminuée. On peut dire que le mouvement vibratoire est transmis à la flamme par l'intermédiaire du gaz de la capsule, et que cette flamme, en cédant aux moindres mouvements de pression survenus dans la capsule, reproduit fidèlement l'état vibratoire du corps sonore. (Les deux figures 3 et 4 sont extraites du *Traité de physique* de M. Jamin. Paris, Gauthier Villars).

3° La seconde octave au-dessus ut_3 quatre fois plus de vibration ;

4° La tierce majeure de cette octave mi_3, cinq fois plus de vibrations.

5° La quinte de cette octave sol_2, 6 fois plus de vibrations.

Puis viennent avec une intensité toujours décroissante les sons dont les vibrations sont 7,8,9 fois plus nombreuses que celles du son fondamental.

Voici, d'après Chladni, la série des sons possibles, en supposant le son le plus grave égal à ut_1.

1	2	3	4	5	6	7	8	9	10
ut_1	ut_2	sol_2	ut_3	mi_3	sol_3	$-\,si\,b_3$	ut_4	$ré_4$	mi_4

11	12	13	14	15	16,	etc.
$+\,fa_4$	sol_4	$-\,la_4$	$-\,si\,b_4$	si_4	$ut_5,$	etc.

En ajoutant le signe — devant une note, on exprime qu'un son est un peu plus grave que le son mentionné et en ajoutant le signe + qu'il est un peu plus aigu.

Les chiffres au-dessus des lignes indiquent combien de fois le nombre de vibrations contient celui correspondant au son fondamental. Par suite, pour rappeler toujours le rapport de hauteur des harmoniques par leur numéro d'ordre dans la série des sons partiels d'un son musical, il suffit de regarder le son fondamental comme le premier harmonique, alors le deuxième sera l'octave des premières, c'est-à-dire correspondra à 2 fois plus de vibrations que ce dernier; le troisième harmonique fera trois fois plus de vibrations que le premier, etc.

En notation musicale usuelle, on a (fig. 5)

(Fig. 5.)

On voit qu'en dépit de leur nom, les sons harmoniques sont loin de former toujours entre eux des accords consonnants.

Cela n'est vrai que pour les 6 premiers; 7 et 11 représentés approximativement par le sib_3 et le fa$_4$ n'appartiennent pas à l'échelle musicale. Ce sont des notes dissonnantes aussi bien que 9. Quand ces notes dissonnantes se font sentir dans un son composé, elles en altèrent la beauté et lui donnent quelque chose de strident.

Remarquons que tous les harmoniques ne se rencontrent pas toujours dans le son d'un seul instrument, et qu'ils présentent des intensités très-différentes d'un instrument à l'autre. Pour le violon, le piano, l'harmonium, ce sont les 5 ou 6 premiers harmoniques qui viennent le plus fort.

L'analyse d'un son musical quelconque par les résonnateurs et l'oreille est une opération assez longue et toujours très-délicate, puisqu'il faut soutenir ce son pendant tout le temps nécessaire pour placer successivement le conduit auditif de chaque appareil dans l'oreille externe, mais on peut rendre cette opération plus rapide de la manière suivante.

M. Kœnig a construit (fig. 6) un appareil formé de dix résonnateurs donnant toutes les notes 1, 2, 3, 4, 5, 6, 7, 8, 9, 10 et fixés sur un même support l'un au-dessus de

l'autre. Chacun communique pas un tube de caoutchouc avec une capsule manométrique.

(Fig. 6.)

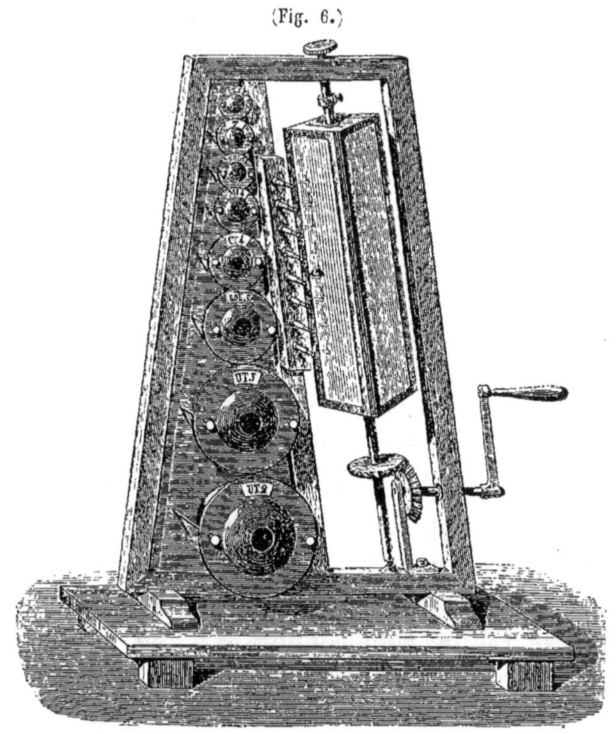

Les becs de gaz de ces capsules sont placés l'un
au-dessus de l'autre sur une ligne inclinée, et un miroir tournant parallèle à cette ligne décompose celle
des flammes qui sont mises en vibration par les globes
qui résonnent, tandis qu'il fait paraître sous forme
linéaire celles qui sont en communication avec des
résonnateurs sur lesquels le son n'agit pas.

Les conséquences générales des travaux d'Helmoltz
peuvent se résumer ainsi.

1° Il est fort difficile d'obtenir des sons *simples*, c'est-à-dire sans mélange d'harmoniques. Théoriquement un son simple est produit par une vibration pendulaire, c'est-à-dire un mouvement périodique caractérisé par une vitesse, nulle aux deux extrémités de la course, croissante vers le milieu où elle est maximum ; en un mot celui pour lequel le mouvement s'accélère et se ralentit périodiquement avec la même régularité que le mouvement d'une pendule. Ce cas est à peu près réalisé par des diapasons placés sur une caisse renforçante, par les tuyaux d'orgue larges et surtout par ceux qui sont fermés, enfin par la voix humaine prononçant la voyelle *ou*. Les sons que l'on obtient ainsi sont caractérisés par beaucoup de douceur et de mollesse, et semblent plus graves qu'ils ne le sont en réalité. Leur timbre a quelque chose de sombre qui rappelle celui de la voyelle *ou*. Ils sont très-difficiles à obtenir.

Toute vibration autre qu'une vibration pendulaire donne lieu à des sons complexes, et eu égard à cette complexité on peut les ranger dans l'une des deux classes suivantes.

2° Les sons formés par un grand nombre de vibrations élémentaires sans rapport simple les unes avec les autres. A cette catégorie appartiennent les bruits, ils n'ont en général aucun caractère musical et à peine peut-on dire qu'un bruit est plus aigu qu'un autre.

3° Ceux composés de plusieurs des sons harmoniques du plus grave d'entre eux, lequel appelé son fondamental donne la hauteur musicale de la note ; dans ce cas l'oreille n'entend guère qu'un son unique caractérisé par un timbre spécial. La plupart des sons rendus par les instruments de musique rentrent dans ce groupe; ils doivent à la combinaison, en proportion variable, de la note fondamentale et de ses sept ou huit premiers harmoniques (les suivants ont une intensité si faible qu'il est permis de les négliger) de produire sur l'oreille une variété presque infinie de sensations.

A cet égard, voici les relations qui unissent le timbre à la composition des sons :

a. Les sons accompagnés d'une série d'harmoniques graves de moyenne intensité, jusqu'au 6° environ, sont pleins et d'un bon emploi en musique. Comparés aux sons simples, ils ont quelque chose de plus riche, de plus fourni, et sont cependant harmonieux et doux tant que les harmoniques supérieurs font défaut. A cette catégorie appartiennent les sons du piano, des tuyaux ouverts de l'orgue, les sons faibles et doux de la voix humaine et du cor, ces derniers formant la transition du côté des sons munis d'harmoniques élevés, tandis que les flûtes et les jeux de flûtes avec peu de vent se rapprochent des sons simples. Avec les sons de cette espèce on ne fait que de la musique *grise*, il faut qu'ils soient soutenus par d'autres sons.

b. Quand les sons partiels impairs existent seuls, comme dans les petits tuyaux bouchés de l'orgue, les cordes du piano pincées au milieu et la clarinette, le son prend un caractère creux et même nasillard pour un grand nombre d'harmoniques.

c. Si le son fondamental domine, le timbre est plein; il est vide au contraire si l'intensité du son fondamental ne l'emporte pas suffisamment sur celle des harmoniques. Ainsi le son des grands tuyaux ouverts de l'orgue est plus plein que celui des petits tuyaux de même nature ; le son des cordes est plus plein que celui des petits tuyaux de même nature ; le son des cordes est plus plein lorsqu'elles sont ébranlées par les marteaux du piano que quand elles sont frappées avec un morceau de bois ou pincées par les doigts. Le son des tuyaux à anche associées à des appareils résonnants appropriés est plus plein que celui des mêmes tuyaux sans caisse résonnante.

d. Quand les harmoniques supérieurs, à partir du 6ᵉ ou du 7ᵉ, sont très-nets, le son devient aigu et dur : cela tient à ce que ces harmoniques forment entre eux des dissonnances. Les harmoniques supérieurs n'excluent pas essentiellement la possibilité de l'emploi musical du son, ils augmentent, au contraire, le caractère et la puissance d'expression de la musique. Dans cette catégorie figurent, avec une importance particulière, les sons des instruments à archet, puis la plupart des instruments à anche, le hautbois, le basson, l'harmonium, la voix humaine, ceux des instruments de cuivre. Les sons durs et éclatants des instruments de cuivre sont extraordinairement pénétrants, et par suite donnent l'impression d'une grande puissance à un plus haut degré que les sons de même hauteur, mais d'un timbre doux : aussi sont-ils d'un grand effet à l'orchestre (1).

(1) Helmoltz, Op. cit., p. 150.

CHAPITRE II.

DE LA VOIX.

§ I.

La voix est un son particulier produit ordinairement par le passage de l'air expiré dans les voies aériennes (1).

Nous disons un son particulier, parce que la toux, l'éternument, le râle chez l'homme, le grondement de quelques animaux, ne sont point compris parmi les sons vocaux.

Enfin, nous disons par le passage de l'air expiré dans les voies aériennes, sans préciser en quel point des voies aériennes a lieu la mise en vibration de la colonne gazeuse. En effet, dire avec Gerdy et la plupart des auteurs: la voix consiste dans la production d'un son par le larynx, c'est, il me semble, donner de la voix une définition trop restreinte; car il est telle forme de la voix qui n'exige pas nécessairement l'intervention du larynx, la parole à voix basse par exemple.

Néanmoins il importe de reconnaître que le son laryngien est le plus souvent l'élément nécessaire et suffisant de la voix.

Les sons laryngiens sont engendrés essentiellement dans cette partie du larynx qu'on appelle la glotte, c'est-à-dire dans l'ouverture limitée par les cordes vocales inférieures alors que celles-ci, placées par un

______

(1) Malgaigne. Mémoire sur la voix. Archives gén. de méd., 1831.

effet de la volonté dans certaines conditions appropriées de tension ou de relâchement, entrent en vibration sous l'influence d'une colonne d'air expiré et font vibrer en même temps les couches d'air environnantes (1).

On peut admettre que la glotte fonctionne à la manière d'une anche. Les vibrations de ses lèvres déterminent dans le courant d'air des vibrations synchrones. L'air est le corps sonore, car les lèvres de la glotte ne paraissant guère susceptibles par elles-mêmes de produire un son.

Le son laryngien est renforcé par les vibrations concomitantes d'un tube résonnant de forme et de dimensions variables faisant l'office du cornet d'harmonie, des tuyaux à anches. Ce tube est représenté par le pharynx, la bouche et les fosses nasales. L'accord nécessaire entre le son fondamental du tuyau et le son de l'anche est facilement obtenu, la rigidité des parois étant modifiée au besoin par la contraction des muscles sur lesquels est étendue la muqueuse; la capacité pouvant varier dans le sens de la hauteur par les mouvements de haut en bas du larynx, et en largeur par les formes diverses que prennent la langue, le voile du palais et les joues. La base de la langue, en se déprimant pour les sons graves donne lieu à un renflement de la cavité sonore, enfin, pour les notes les plus graves, un corps résonnant additionnel (les fosses nasales) vient s'ajouter au tuyau principal.

En résumé, la glotte interligamenteuse est le siége exclusif de la production du son; 2° les lèvres de la glotte vibrent pendant cette production; 3° un tuyau résonnant est indispensable pour donner au son produit

(1) Ferchaud, De la Voix. Thèses de Paris, 1848, n° 224.

les qualités de hauteur, d'intensité et de timbre qui caractérisent la voix humaine. Examinons ces qualités de la voix chacune en particulier.

§ II.

Les sons que l'organe vocal est apte à produire peuvent se succéder de trois manières différentes.

Le premier mode est la succession monotone. Ici les sons qui sortent les uns après les autres conservent presque la même élévation. C'est ce qui a lieu dans la parole où l'articulation produite par les parois de la bouche s'ajoute au son de la voix et engendre les différences. Cependant il est assez rare, même dans la parole, que les sons demeurent tous au même degré d'élévation, car il y a des syllabes dont le son est plus grave ou plus aigu, ce qui constitue l'accent. « Lorsque l'homme parle, le registre des sons qu'il emploie ne dépasse guère une demi-octave » (1).

Le second mode est le passage successif des sons qui montent et baissent sans intervalle. Cet effet a lieu dans les cris de l'homme lorsqu'ils expriment une émotion de l'âme. On l'observe particulièrement chez les personnes qui pleurent, il constitue aussi le hurlement. C'est le même phénomène que celui qu'on désigne en musique sous le nom de *détonner*, il consiste à ne point observer la justesse des intervalles. Une corde détonne quand on la détend ou quand on la tend tout en la faisant parler. Une anche rend des sons qui montent successivement et insensiblement

(1) Béclard, Physiologie, 3ᵉ édit.; p. 614.

lorsqu'on souffle plus fort ; les cordes vocales sont dans le même cas.

Le troisième mode est la succession musicale, dans laquelle chaque son conserve le nombre nécessaire de vibrations, et les sons successifs ne se font entendre qu'aux intervalles admis en musique (1).

Tous les sons produits par la voix humaine se trouvent compris dans un intervalle de trois octaves et demie du fa_1 à l'ut_5. Mais ces limites se reculent pour quelques voix exceptionnelles. On cite d'une part des basses qui atteignaient fa_{-1} de 85 vibrations, appartenant à la première octave du piano, et d'autre part des voix de castrats, d'enfants et de femmes qui sont allées jusqu'au fa_5 ou fa suraigu (2,730 vibrations) de l'avant-dernière octave du piano, et même au delà.

Il s'en faut de beaucoup que la voix de chaque individu ait toute cette étendue de trois octaves et demie. Les voix ordinaires n'embrassent pas deux octaves pleines, et les sujets privilégiés parviennent, à la suite d'un long exercice, à acquérir trois octaves ; ce sont là de très-rares exceptions.

On divise les voix d'hommes en basse ou basse-taille, baryton, ténor et premier ténor ou haute-contre, voix devenue aujourd'hui fort rare. Les voix de femme sont le contralto, le mezzo-soprano et le soprano.

Voici (fig. 7) l'étendue assignée ordinairement à ces différentes voix :

(1) Muller, Physiologie, traduct. franç., 1re édit., 1838, p. 187.

(Fig. 7.)

Quand un chanteur exécute la série ascendante des
sons que comprend l'étendue de sa voix, il arrive un
moment où la voix changeant de nature perd ses
qualités, pleines, vibrantes et sonores, pour revêtir
un caractère d'acuité qui appartient au reste des sons
ascendants que peut fournir l'organe, elle devient
alors ce qu'on appelle ordinairement la *voix de tête*.
Cette modification de la voix donne lieu à deux dé-
nominations particulières : *le registre de poitrine* et *le
registre de tête*. Il n'existe peut-être pas un seul mot de
la langue musicale dont on ait plus abusé ou plus
mésusé que celui de registre. Les physiologistes ne
s'accordent pas plus entre eux que les maîtres de chant
sur la signification précise que l'on doit donner à
cette expression.

D'après Manuel Garcia (1), « par le mot registre, on
doit entendre une série de sons consécutifs et homogènes, allant du grave à l'aigu, produits par le développement du même principe mécanique, et dont la
nature diffère essentiellement d'une autre série de
sons également consécutifs et homogènes produits

____

(1) Mémoire sur la voix humaine présenté à l'Acad. des sciences en
1840, p. 4.

par un autre principe mécanique. Tous les sons appartenant au même registre sont par conséquent de la même nature, quelles que soient d'ailleurs les modifications de timbre ou de force qu'on leur fasse subir. L'échelle totale de sons que peut parcourir la voix d'un même individu est toujours composée de deux registres : la voix pleine ou voix de poitrine, et la voix de fausset, qui est le registre le plus élevé. »

La voix de poitrine est caractérisée par des sons pleins, volumineux : c'est la voix ordinaire. Garcia (1) fait remarquer que, « chez l'homme et chez la femme, le registre de poitrine coïncide dans les sons compris entre mi_2 et ut_4. L'homme parle toujours dans ce registre, la femme rarement. Le fausset appartient plus particulièrement à la femme et à l'enfant. Ce registre est faible, couvert, et ressemble assez aux sons bas de la flûte, principalement dans la partie supérieure. Les femmes parlent généralement en voix de fausset.

Ces registres coïncident dans une partie de leur étendue et se succèdent dans l'autre.

Un chanteur exercé peut faire entendre alternativement le même son en voix de poitrine et en voix de fausset, à l'aide d'un courant d'air non interrompu (2).

Les sons compris dans une étendue donnée peuvent appartenir à la fois à deux registres différents, et ces sons, la voix peut les parcourir soit en parlant, soit en chantant, sans les confondre. Cela a lieu pour les

(1) Loc. cit, p. 7.
(2) Bataille, Nouvelles recherches sur la phonation ; Paris, 1861, p. 37.

notes de poitrine et de fausse qui se rencontrent dans l'intervalle de sol_2 (*sol* à vide du violon, *sol* au-dessous des lignes de la clef de *sol*), et le $ré_4$. Au-dessus et au-dessous de cette étendue, chacun des deux registres s'étend séparément ; cette partie commence les deux registres.

Quel est le mécanisme de l'élévation du son produit dans le larynx, autrement dit, le mécanisme de la tonalité des sons laryngiens ? Sur cette question, les physiologistes ne sont pas encore fixés.

La comparaison des résultats obtenus par des observateurs habiles, montre que ce mécanisme est complexe. Nous nous contenterons de rappeler ici quelques-unes des conclusions par lesquelles Bataille termine l'exposé de ses expériences auto-laryngoscopiques (1).

1° La rapidité des vibrations est en raison inverse de la tension membraneuse des cordes vocales ;

2° La tension membraneuse est en raison inverse de l'intensité du courant d'air, et en raison du degré d'occlusion de la glotte en arrière pour un son donné ;

3° L'étendue de l'occlusion de la glotte en arrière est en raison directe de l'élévation du son ;

4° Cette occlusion est très-manifeste jusqu'à certaines limites tonales, qui correspondent aux limites antérieures des apophyses aryténoïdes ;

5° A partir du moment où les apophyses aryténoïdes se sont affrontées dans toute leur longueur, l'agent principal de l'élévation du son est la tension longitudinale.

(1) Bataille, loc. cit., p. 51.

Quant aux différences de registres, elles dépendent très-certainement, à la fois, de la façon dont vibre l'air à la glotte et de la façon dont agit le résonnateur sur la colonne gazeuse vibrante.

« Nous croyons pouvoir admettre que dans la voix de fausset, les rubans vocaux sont moins étendus, que la glotte est plus allongée et ellipsoïde que dans la voix de poitrine (Bataille), et qu'en même temps le tuyau résonnant est renflé dans sa partie moyenne et rétréci vers ses extrémités » (1). (Fournier.)

§ 3.

La voix humaine, à l'état de santé, au *maximum* de sa force, peut s'entendre à environ un quart de lieue ou un kilomètre de rayon au niveau de la mer, par une température d'à peu près zéro, et en mesurant son intensité à la sensibilité de notre oreille. Cette force varie du reste beaucoup chez les divers individus, et il faudrait bien des observations pour avoir à cet égard une moyenne exacte et précise (2).

Dans les circonstances habituelles de la voix et du chant, la voix n'est pas soutenue au maximum de sa force, mais à chaque instant, dans le langage parlé, nous faisons varier, à volonté, l'intensité du son sans en altérer la tonalité, et de même un chanteur peut donner la même note *pianissimo* ou *fortissimo*. Le larynx est doué de ce qu'on appelle en musique l'expression. L'intensité d'un son étant

(1) Longet, Physiologie, t. II, p. 762, 3e édit., 1869.
(2) Gerdy, Mémoire sur la voix, *in* Journal l'Expérience, 1842, p. 8 du mémoire tiré à part.

toujours liée à l'énergie des vibrations du corps sonore et au nombre des molécules mises en mouvement ; par conséquent, l'intensité de la voix dépend de l'énergie plus ou moins grande avec laquelle le souffle est poussé à travers la glotte et à l'étendue de la membrane vocale qui est en vibration. Par le fait de l'accélération du courant d'air, le son, au lieu de conserver la même hauteur, d'augmenter d'intensité, devrait monter. Mais le larynx, en sa qualité d'instrument vivant, jouit de cette admirable propriété, dévolue à tout organe chargé d'exécuter un mouvement, d'avoir, pour ainsi dire, conscience du point précis qu'il faut atteindre et ne pas dépasser. Au moment même où la volonté détermine l'accélération du courant d'air dans le but, non de faire monter, mais de renforcer le son, les muscles de la glotte se contractent en conséquence ; cela est si vrai qu'ici, comme pour toutes les applications délicates de la force musculaire, il faut que l'appareil soit exercé pour acquérir cette précision, qui est loin de se rencontrer chez un chanteur novice.

Bataille (1) en indique le mécanisme de la manière suivante : « A mesure que le courant d'air devient plus intense, la glotte s'ouvre progressivement en arrière, et la tension longitudinale de ses lèvres diminue. » L'augmentation d'intensité du courant d'air tend, en effet, à élever le ton, tandis que l'allongement et le relâchement de la partie vibrante tendent à le faire baisser ; on conçoit qu'il puisse s'établir une compensation entre les deux effets.

(1) Loc. cit., p. 84.

§ 4.

La voix porte en elle-même un caractère propre à chaque individu et qui peut servir à la reconnaître aussi sûrement que les traits de son visage. C'est ce qu'on appelle le *timbre particulier de la voix*.

Outre les différences individuelles, il existe des différences générales que l'on retrouve dans la voix de tous les hommes. De même que la voix est soumise à des distinctions des registres, on a reconnu dans ces registres des *timbres généraux*.

On appelle timbre, le caractère propre et variable à l'infini que peut prendre chaque registre, chaque son, abstraction faite de l'intensité (1).

Dans ses expériences sur la nature du timbre des sons, M. Helmoltz a cherché à élucider la question si délicate du timbre de la voix ; ce savant physiologiste a reconnu qu'un grand nombre de circonstances du timbre de la voix s'expliquent assez facilement par la combinaison consonnante ou dissonnante des harmoniques qui accompagnent chaque son fondamental émis par le larynx.

« Lorsque la voix résonne avec force, les cordes vocales agissent comme des anches membraneuses, et comme toutes les anches de ce genre produisent une série de secousses aériennes discontinues, nettement séparées, qui, considérées comme une somme de vibrations pendulaires, correspondent à un très-grand nombre de vibrations de cette nature, et font par conséquent sur l'oreille l'effet d'un son formé d'une assez

(1) Manuel Garcia, loc. cit., p. 10.

longue série d'harmoniques. Avec le secours des résonnateurs, on peut reconnaître dans les notes graves de la voix de basse, chantées avec force sur des voyelles éclatantes (*a* ou *é*), des harmoniques très-aigus allant jusqu'au 16ᵉ, et dans l'émission un peu forcée de toute voix humaine les harmoniques aigus apparaissent plus nettement que sur tout autre instrument » (1).

Dans les puissantes voix d'homme chantant fort, on entend ces harmoniques résonner comme un bruissement, mais cela est surtout frappant dans les chœurs : quand les voix crient un peu, on entend alors très-réellement, au-dessus des notes basses, un charivari de petites notes criardes étrangères à l'harmonie qui accompagnent le chant comme un orchestre de grelots ou de cymbales.

Si nous ne nous apercevons pas ordinairement de l'existence de ces notes parasites dans les sons de la voix, c'est que d'abord notre attention n'est pas dirigée de ce côté, et que du reste avec l'oreille seule il est généralement beaucoup plus difficile de distinguer les harmoniques de la voix humaine que ceux des autres instruments. Cependant des observateurs attentifs ont quelquefois pu percevoir des harmoniques de la voix.

Dès la fin du siècle dernier, Rameau avait appelé l'attention des musiciens sur le fait qui nous occupe : « Il y a en nous un germe d'harmonie dont apparemment on ne s'est point encore aperçu. Il est cependant facile de s'en apercevoir dans une corde, dans un

---

(1) Helmoltz, loc. cit., p. 136.

tuyau, etc., dont la résonnance fait entendre trois sons différents à la fois. Puisqu'on suppose ce même effet dans tous les corps sonores, on doit par conséquent le supposer dans un son de notre voix, quand même il n'y serait pas sensible; mais, pour en être plus assuré, j'en ai fait moi-même l'expérience, et je l'ai proposée à plusieurs musiciens qui, comme moi, ont distingué ces trois sons différents dans un son de leur voix » (1).

Pour distinguer les consonnances de la voix humaine, « il faut se trouver dans un lieu calme, avoir une voix de basse, filer un son grave avec toute la netteté possible, et l'enfler insensiblement; pour lors la 12ᵉ et la 17ᵉ majeure de ce son grave viendront frapper l'oreille de l'auditeur attentif, qui, pour le mieux distinguer, fera en sorte de se distraire de ce son grave. La préoccupation où nous tient naturellement le son donné, dont la résonnance domine extrêmement sur celle des petits sons qui l'accompagnent, et d'ailleurs la grande union qui se trouve dans le tout ensemble, empêchent souvent d'y distinguer les consonnances en question, mais cela ne prouve pas qu'on ne puisse les y distinguer quand on y donne toute l'attention nécessaire et quand on a d'ailleurs l'oreille assez fine pour en juger » (2). Seiler, de Leipsick, raconte qu'en écoutant attentivement le chant du veilleur pendant des nuits sans sommeil, il avait quelquefois entendu dans le lointain la 12ᵉ avant le son fondamental. M. Garcia dit qu'en écoutant sa

---

(1) Rameau, Nouveau système de musique théorique, préface, p. 1; Paris, 1728.
(2) Rameau, loc. cit., p. 17.

voix dans le silence de la nuit, sur le Pont-Neuf, il a souvent pu distinguer l'octave et la 12ᵉ de la note qu'il donnait (1).

La difficulté que l'on éprouve à distinguer les sons supérieurs avec l'aide de l'oreille seule doit provenir de ce que pendant toute notre vie nous avons suivi et observé les sons de la voix humaine plus attentivement que n'importe quels autres, mais toujours dans le but de les considérer comme un tout, et d'apprendre à distinguer exactement et à percevoir les nombreuses modifications de leur timbre. Cette manière d'envisager les choses a conduit Helmoltz à trouver une méthode qui lui a permis d'entendre et de faire entendre à plusieurs personnes les harmoniques de la voix humaine. Il n'est pas nécessaire pour cela d'avoir une oreille musicale bien exercée, comme le croyait Rameau, il suffit de diriger l'attention à l'aide de moyens convenables.

« Qu'une voix forte d'homme chante la voyelle o sur le ton de $ré_2$ diézé; donnez sur le piano et très-doucement le la_3 diézé et fixez votre attention sur le son faiblissant du piano, si ce son est l'un des harmoniques contenus dans le timbre de la voix, le son du piano a l'air de persister, l'oreille entend comme sa continuation l'harmonique correspondant de la voix. »

Le timbre d'un système de corps sonores est, avons-nous dit, la résultante des timbres particuliers fournis par les divers éléments qui entrent dans la composition du système particulier. Par suite, la richesse de la voix humaine en sous supérieurs suffit à expliquer la diver-

____

(1) Radau, Acoustique, p. 245.

sité des timbres qu'elle présente. Mais il est encore une seconde circonstance qui contribue puissamment à modifier le timbre des sons laryngiens, c'est la résonnance des diverses parties du tuyau vocal, de la bouche en particulier. En effet, la masse d'air renfermée dans les cavités pharyngienne, buccale, nasale, renforce toujours une note quelconque émise par la glotte; mais, suivant la disposition variable des parties du tube résonnant, ce sont telles ou telles notes supérieures qui se trouvent renforcées, et à chaque note ainsi favorisée ou mise en relief correspond un timbre spécial.

Helmoltz (1) a étudié soigneusement sous ce rapport l'influence des modifications de la cavité buccale, et il a pu par là expliquer la formation des différentes voyelles. Mais il est clair que les autres parties qui concourent à la formation du son où à ses modifications, doivent prendre part à la constitution du timbre définitif de la voix. Il faudrait donc examiner successivement chacune d'elles et rechercher la part d'influence qu'elles peuvent avoir dans la production du timbre de la voix humaine.

C'est là une étude fort délicate et encore aujourd'hui environnée d'obscurité. Helmoltz a surtout porté son attention sur la résonnance buccale; cependant, contrairement à ce que semble penser l'auteur d'un ouvrage remarquable sur la physiologie de la voix (2), le savant professeur d'Heidelberg n'a pas négligé de rechercher l'action sur le timbre de la voix des diver-

---

(1) Théorie physiologique de la musique, traduct. franç., p. 135.
(2) Fournié. Physiologie de la voix, p. 473 et suiv.; Paris, 1866.

ses parties du tube résonnant. Voici quelques-unes des conclusions et des inductions formulées par lui dans sa théorie physiologique de la musique au sujet du timbre particulier de la voix.

1° *Anche vocale.* — « Chez les voix mordantes et éclatantes, l'intensité des harmoniques les plus élevés est plus grande que dans les voix douces et sombres. Le timbre particulier des voix mordantes, tire peut-être son origine de ce que les bords des cordes vocales ne sont pas assez polis ou assez droits pour pouvoir former entre eux une fente étroite rectiligne, sans se heurter l'un à l'autre, ce qui rapproche davantage le gosier des instruments à anches battantes qui ont un timbre très-mordant.

Les voix voilées proviennent peut-être de ce que l'orifice de la glotte ne se ferme jamais exactement, pendant la vibration des cordes vocales. Au moins on obtient avec des anches membraneuses artificielles, des modifications analogues dans le son, lorsqu'on change de cette manière la position relative des anches.

Pour la production d'un son plein et cependant doux, il faut nécessairement que les cordes vocales qui vibrent avec le plus de force aux instants où elles se rapprochent, puissent se placer en ligne droite, tout près l'une de l'autre, de manière à fermer momentanément la glotte d'une manière complète sans pourtant s'entre-choquer.

Quand les cordes vocales s'entre-choquent, le son doit devenir mordant comme celui des anches battantes.

Lorsque la membrane muqueuse du larynx est affectée de catarrhe, on voit quelquefois au moyen du laryngoscope, de petites mucosités entrer dans la glotte. Quand elles sont trop grosses, elles troublent le mouvement des cordes vibrantes et y déterminent des irrégularités, ce qui rend aussi le son irrégulier roulant ou voilé; c'est d'ailleurs une chose digne de remarque, que la grandeur relative des mucosités qui peuvent se trouver sur la glotte, sans altérer le son d'une manière très-frappante.

Un fait remarquable c'est que la voix parlée et la voix chantée n'ont pas toujours le même timbre, et que certains individus à voix forte et grave quand ils parlent, ont la voix flûtée quand ils chantent, que des gens à parole rude et désagréable ont un chant doux et mélodieux. En général « nous produisons en parlant un son beaucoup plus mordant surtout sur les voyelles ouvertes, et nous sentons une plus forte pression dans le gosier. Il est probable qu'en parlant les cordes fonctionnent comme anches battantes » (1).

2° *Isthme du gosier*. — Fournier (2) développant les idées déjà longuement développées par Vaïsse (3), dit que l'isthme du gosier contribue à la formation de tous les timbres qui sont plus spécialement engendrés, par d'autres parties du tuyau vocal. Toutefois il en est un qui doit exclusivement à cette région ses caractères, c'est le timbre guttural. Il est produit par

(1) Helmoltz, loc. cit., p. 137.
(2) Physiologie de la voix, p. 476.
(3) De la Parole, *in* supplément de l'Ecyclopédie moderne, publiée par Didot. Paris, 1853.

un rétrécissement trop considérable du tuyau vocal dans cette région. Ce rétrécissement peut être congénital, ou bien encore la conséquence des efforts déplacés qu'exécute le chanteur pour atteindre les notes élevées. Le gonflement des amygdales en rétrécissant l'isthme du gosier, en gênant les contractions du voile et en empêchant par suite l'occlusion des fosses nasales, donne naissance à un timbre particulier de la voix qui tient des timbres guttural et nasal.

3° *Bouche*. — La cavité buccale, véritable résonnateur de forme et de dimension variables, exerce la plus grande influence sur les timbres vocaux; et nous insisterons d'une manière toute spéciale sur ce point, surtout au sujet de la production de la parole.

4° Les fosses nasales modifient aussi le timbre de la voix d'une façon très-remarquable. En forçant les ondes sonores à sortir par la bouche et par le nez, ce à quoi on arrive en diminuant l'orifice nasal, on rend les sons plus sourds, moins éclatants. Par cette diminution, on favorise le retentissement du son dans la bouche, alors plus agrandie, et on communique au son un timbre plus doux, qui efface ce quelque chose de criard propre à la vibration de l'anche.

Il ne faut pas confondre le timbre nasal avec le nasonnement et le nasillement. Le nasonnement ne se peut entendre que dans quelques mots, dans ceux qui doivent sortir en partie par les narines, et tient à l'écoulement difficile du son par les fosses nasales; ce qui oblige certaines lettres qui, normalement, résonnent légèrement dans le nez, à retentir plus qu'il ne faudrait dans ces cavités. Le timbre nasillard, au contraire, accompagne le langage dans toutes ses expressions; c'est une manière de parler particulière. Il serait dû, d'après Fournié (1), à l'abaissement du voile du palais et au redressement de la base de la langue. La voix est articulée dans la bouche pour former la parole; mais, avant de pénétrer dans la cavité buccale pour y recevoir les modifications nécessaires, elle est obligée de passer à travers un étroit passage formé par le voile du palais et la base de la langue, qui lui communique le son anché, criard, lequel avec la résonnance nasale favorisée par le rétrécissement de l'isthme du gosier, caractérisent le nasillement.

Après avoir parlé des différents timbres que produit isolément chacune des parties de l'instrument vocal, il reste à examiner les timbres généraux résultant d'une disposition particulière dans l'ensemble de ces mêmes parties.

Les timbres généraux de la voie humaine sont le *timbre sombre* et le *timbre clair*. Le premier est très-souvent nommé voix *sombre* ou *sombrée*, et le second, voix *claire* ou *blanche*, par opposition au nom de voix *pleine* qu'on applique à la voix normale.

(*a*) La voix sombrée consiste à donner aux sons moins d'éclat et en même temps plus de force; certains chanteurs peuvent aussi gagner quelques notes en bas de l'échelle. Le timbre sombre donne du mordant et de la rondeur au son. Ce timbre porté à l'exagération couvre les sons, les étouffe, les rend sourds et rauques : « Les sons compris entre le mi_3 et le si_3,

(1) Fournié, Physiologie de la parole, p. 480.

lorsqu'on les donne de poitrine en pleine vigueur dans le timbre sombre, acquièrent chez l'homme et chez la femme un caractère dramatique. La chanterelle **du** violoncelle reproduit assez bien le même effet quoique plus faiblement » (1).

Le timbre sombre ne mérite pas le nom de voix particulière qui lui a été donné; il résulte simplement du retentissement de la voix dans le tuyau vocal disposé de manière que les dimensions des cavités soient aussi grandes que possible, et que les orifices limitant ces cavités soient assez resserrés pour opposer un obstacle à la sortie facile de l'air. « Les modifications du tuyau vocal peuvent se résumer dans les propositions suivantes : 1° rétrécissement de l'orifice buccal et de l'isthme du gosier ; 2° agandissement de la cavité buccale et du canal pharyngien. Le rétrécissement des orifices favorise le retentissement du son, et l'agrandissement des cavités donne à sa résonnance une plus grande intensité. Ce timbre doit encore une grande partie de son agrément à ce que l'articulation des lettres est moins accentuée, plus arrondie, et que les degrés d'ouverture de l'orifice buccal pour la production de chaque lettre sont moins considérables que dans le timbre clair. Ce léger retrécissement favorise le retentissement du son dans la cavité buccale, et c'est sans doute dans ce résonnement harmonieux, plus riche et plus doux, que notre oreille trouve les motifs de sa préférence » (1).

Le timbre sombre est celui que les personnes du Midi emploient habituellement dans le chant, elles re-

(1) Manuel Garcia, loc. cit., p. 10.
(2) Fournié, Physiologie de la voix, p. 488.

cherchent cette sonorité adoucie qui résulte de l'harmonieux mélange des vibrations de l'air avec celles de l'anche.

D'ailleurs il faut remarquer que la prédominance des sons *o*, *u*, *ou*, dans les langues méridionales, développe l'habitude du timbre sombre. Ces lettres sont déjà moins souvent employées dans la langue française, tandis que les *e* et les *eu* sont d'un usage tellement fréquent, qu'ils donnent à la sonorité particulière de cette langue les caractères du timbre clair. Quant au timbre sombre, il ne peut être employé d'une manière exclusive dans le chant français, qu'à la condition de dénaturer le timbre de certaines lettres: aussi ne l'employait-on presque jamais en France, et il n'a fallu rien moins que le talent d'un célèbre maestro, de M. Dupré, pour l'introduire chez nous.

(*b*) Le timbre clair est l'opposé du timbre sombre. Ce timbre communique au registre de poitrine beaucoup d'éclat et de brillant. Ce timbre porté à l'exagération rend la voie criarde et glapissante.

Dans le timbre clair, les mâchoires sont plus écartées et la bouche est plus ouverte ; il en est de même de l'isthme du gosier. Les cavités buccales et pharyngiennes, au contraire de ce qui arrive dans le timbre sombre, sont un peu plus étroites que dans la voix ordinaire (1). Ainsi, par exemple, l'*o* se prononce un peu comme l'*a*, l'*e* ouvert comme l'*é*. Quand le timbre

(1) Bennati rapporte qu'un amateur, très-habile chanteur, s'étant fait enlever les amygdales, acquit deux notes du registre de poitrine, et en perdit quatre du registre de fausset. (Rapport sur le mémoire de Bennati, par Cuvier, *in* Journal de Magendie, juillet 1830.)

clair est exagéré, la masse d'air qui accompagne la formation de chaque lettre est trop petite, les sons de la voix acquièrent une sonorité désagréable et criarde qui rappelle celle d'une anche vibrant dans un tuyau trop étroit.

CHAPITRE III.

DE LA PAROLE.

Indépendamment des nombreuses modifications que le tuyau vocal détermine dans l'intensité et le timbre de la voix, en permettant et en interrompant alternativement sa production, il produit encore un genre de modifications très-important. Par ce moyen le son vocal est partagé en petites portions, qui chacune ont un caractère distinct, parce que chacune d'elles est produite par un mouvement particulier du tuyau. Cette espèce d'influence du tuyau vocal est ce que l'on nomme la faculté d'articuler (1) ou de prononcer.

Articuler, prononcer, n'est point parler; certains animaux prononcent des mots, des phrases même, mais ils ne parlent point. L'homme seul est doué de la *parole*.

« Le son et l'emploi qu'on en fait pour désigner les objets ou exprimer les pensées, voilà les deux principes, les deux éléments de la forme des langues. Le premier est plus particulièrement l'élément de leur diversité; le second, tenant à la nature toujours identique de l'esprit humain, est l'élément de leur unité (2).

(1) Magendie, Physiologie, t. I, p. 311.

(2) Humboldt, Ueber die Verschiedenheit, etc.: De la Diversité dans la constitution des langues et de son influence sur le développement intellectuel de l'humanité, servant d'introduction à l'Essai sur la langue Kavi; analyse Tonellé, p. 50. Paris in-8°

Le mot est en effet un produit mixte : il est à la fois psychologique et physiologique : il est formé par l'alliance indissoluble d'un son et d'un sens, d'un élément phonétique et d'un élément psychique, la pensée et l'expression, la chose signifiée et le signe (1).

Les mots ne sont donc les véritables éléments de la parole, du discours, que parce qu'ils renferment une double unité : celle du son et celle de l'idée. Pour étudier la parole avec soin, il importe donc de bien séparer, pour les examiner à part, le côté physiologique et le côté psychologique des mots.

D'où deux branches parfaitement distinctes dans l'étude de la parole et des langues, de la science linguistique en un mot, en prenant ce terme dans son acception la plus générale. 1° La *psychologie linguistique*, qui examine les sons de la voix humaine dans leurs rapports avec les sensations et les idées qu'ils expriment ; 2° la *physiologie linguistique* ou *physiologie de la parole*, qui traite des sons composant les mots en les considérant en eux-mêmes au double point de vue de leur nature et du mécanisme de leur formation. Nous nous proposons d'examiner ici les sons de la parole, seulement sous le rapport de leur nature.

La première question qui se présente à nous est la suivante :

Quelle est la nature des éléments de la parole ?

Au point de vue grammatical, la parole est un assemblage de sons formés dans le tube vocal que les hommes ont adoptés pour en former les signes de leurs

____

(1) Charma, Essai sur le langage, p. 7.

pensées, et qui, réunis en un certain nombre de combinaisons déterminées et convenues (les *mots*), ont la propriété de réveiller chez ceux qui les entendent les idées auxquelles ils ont été plus ou moins arbitrairement attachés, constituant ainsi le plus puissant moyen de manifestation de l'intelligence et l'instrument des communications sociales.

A ce point de vue, l'élément de la parole est le *mot*.

Mais le mot lui-même est un ou plusieurs sons exprimant une émotion ou une conception, soit seul, soit joint à d'autres mots, à titre d'élément d'une phrase ou d'une locution.

Ainsi une langue se compose de mots; les mots eux-mêmes sont formés par les lettres ou sons de l'alphabet qui, pour la plupart, sont des modifications de la voix.

On a donc pu, en se plaçant au point de vue purement physiologique, dire que la parole était la voix articulée.

Toutefois, une telle définition n'est pas complète, et, en l'acceptant, on accorde au son laryngien une importance trop absolue dans la formation de la parole (1). A notre avis, il est préférable de dire avec

(1) Dans la formation de la parole, le phénomène sonore n'a même qu'une importance presque secondaire :

« C'est l'intention et la faculté d'arriver à l'expression précise d'une pensée qui constitue le son articulé, et cela seul le sépare, d'un côté, du cri des animaux, et, de l'autre, du son musical ; il n'entre en lui qu'autant de corps qu'il est indispensable pour sa manifestation extérieure. Le corps même, le son perceptible pour l'oreille peut s'abstraire de l'articulation sans la détruire ; c'est ce qui arrive chez les sourds-muets : ils comprennent la parole par le mouvement des organes et par l'écriture, lesquels renferment l'articulation tout entière séparée de son corps. » (Humboldt, loc. cit., p. 55 et suiv.)

Vaisse (1) que la parole est le souffle produit par un effort volontaire des poumons devenant sonore pour arriver à l'oreille de notre semblable sous diverses formes acoustiques.

Selon la valeur du signe phonétique à produire, le mode d'ébranlement de la colonne aérienne varie, et le lieu de la mise en vibration n'est pas exclusivement le larynx, mais telle ou telle partie du tuyau de la parole.

Que la prononciation soit exclusivement du ressort du tuyau vocal, c'est ce dont on peut s'assurer en prononçant les lettres à voix basse ou plutôt sans voix réelle, et par conséquent sans action de la glotte. On a ainsi la voix brute, le son vocal indistinct «*un des organes de la parole*» (2) qui est produit dans cette partie du larynx; et c'est dans l'arrière-bouche, la bouche et les autres dépendances du tuyau vocal que ce son brut se modifie en voyelles et consonnes. Il est possible en effet de produire une voyelle, c'est-à-dire de faire entendre, au moyen de notre bouche, un son ayant un certain timbre sans donner en même temps à la voyelle une tonalité musicale.
Cette question a été longtemps discutée. D'abord on prenait pour admis que les voyelles ne sauraient être prononcées sans recevoir une tonalité; qu'il pouvait y avoir des consonnes mais pas de voyelles muettes. Cependant si l'on murmurait une voyelle, il était aisé de voir que les cordes vocales ne vibraient pas ou du moins ne vibraient pas pério-

(1) Complément de l'Encyclopédie moderne, art. Parole, t. II, co-lonne 231.

(2) Kempelen, Le mécanisme de la parole; Vienne, 1791.

diquement; qu'elles commençaient à vibrer seulement lorsque la voyelle murmurée était changée en une voyelle prononcée à haute voix. J. Muller proposa un terme moyen : il admettait que les voyelles peuvent être prononcées comme muettes sans que les cordes vocales leur donnassent aucune tonalité; mais il pensait que ces voyelles muettes sont formées dans la glotte par l'air qui passe entre les cordes vocales restant au repos, tandis que tous les bruits de consonnes sont formés dans la bouche. Pourtant cette distinction, même entre les voyelles muettes et les consonnes muettes, n'est pas confirmée par les observations postérieures qui ont montré que, dans le murmure ou chuchotement, les cordes vocales sont réunies de telle manière que seulement la partie postérieure de la glotte comprise entre les cartilages aryténoïdes reste ouverte, et qu'elle offre alors la forme d'un triangle (1). C'est à travers cette ouverture que passe l'air, et si, comme cela arrive assez souvent quand on chuchote, de temps en temps éclate un mot prononcé presque à voix haute et capable de trahir nos secrets; c'est que les cordes vocales ont momentanément repris leur position ordinaire, et que l'air, en passant, les a fait entrer en vibration.

Voyelles et consonnes prennent donc réellement naissance dans le tuyau vocal; voilà pourquoi dans les cas d'aphonie où les malades ne sont plus capables de produire aucune note, par suite d'une paralysie des cordes vocales, quoique incapables de donner aucune note, ces sujets peuvent prononcer les différentes voyelles.

(1) Helmoltz, loc. cit., p. 142.

M. Kœnig fait à ce sujet une expérience curieuse, il adapte à une soufflerie un tuyau flexible terminé par un ajutage ayant la forme d'une fente étroite, puis présentant cette fente à l'ouverture orale convenablement ouverte et faisant varier les dispositions des diverses parties de la bouche qui concourent à l'articulation du son, il fait entendre la série *a, e, i, o, u.* Il est bon de dire que l'expérience ne réussit bien que si on opère un peu rapidement et en passant toujours d'une voyelle à une autre. Semblable remarque s'applique, du reste, quand on prononce les voyelles à voix basse et même à voix haute. D'où on peut tirer cette conséquence que « les sons de la parole ne deviennent bien distincts que par la proportion qui existe entre eux et qu'ils n'obtiennent leur parfaite netteté que dans la liaison des mots entiers et des phrases. C'est la même chose avec les tons de la musique. Si on accorde un clavecin d'un ton plus bas qu'il ne l'est ordinairement et qu'on n'en fasse sonner qu'un ton, on ne connaîtra pas, par exemple, que c'est un *mi* ou un *ré;* mais, dès que l'on jouera quelques fragments d'une pièce de musique quelconque on reconnaîtra le ton par sa liaison et sa proportion avec les autres (1).

L'expérience de M. Kœnig, que nous venons de citer, est la contre-partie d'une expérience faite par Deleau devant l'Académie des sciences (2). Au moyen d'un tube recourbé introduit par une narine jusque dans l'arrière-bouche, il y fait arriver un courant d'air qui part d'un réservoir où le fluide est con-

(1) Kempelen, loc. cit.
(2) Deleau, Mémoire lu à l'Académie des sciences; Paris, 21 juin 1830.

densé. Ce courant gazeux, en parcourant le tube élastique, frotte et développe un léger bruit, qui, traversant le tuyau vocal, à l'instar de la voix, peut y être articulé et servir à un langage d'autant plus singulier qu'il se forme en même temps que la parole ordinaire. Dans ce cas, la personne soumise à l'expérience émet simultanément deux paroles qui articulées au même instant et de la même manière produisent sur les spectateurs une impression des plus étranges.

Il y a quelque analogie entre cette expérience et l'observation d'un forçat du bagne de Toulon, dont la glotte était oblitérée à la suite d'une tentative de suicide et qui respirait par une ouverture fistuleuse de la trachée. Cet homme, qui ne pouvait produire aucun son par le larynx puisque l'air ne traversait plus cet organe, était parvenu à former dans l'arrière-bouche un petit réservoir d'air, et en faisant passer ce gaz à travers *son instrument à parole*, c'est-à-dire la bouche convenablement disposée pour articuler, il produisait une espèce de parole très-limitée, il est vrai, mais qui suffisait cependant pour que le malheureux forçat parvînt à faire connaître ses principaux besoins (1).

Plus récemment, M. Bourguet (*Gazette médicale*, 1856), a cité un exemple remarquable d'un homme qui ayant cherché à se suicider en se coupant la gorge, ne respirait plus par le larynx mais par une canule et pouvait encore parler à voix basse.

« La voix est donc bien éloignée d'être la parole, elle n'en est qu'une partie, un organe; on peut par-

____

(1) Histoire physiologique d'un forçat respirant par une large fistule aérienne. Journal de Magendie, avril 1829, p. 119.

courir à haute voix et distinctement toute la gamme sur une seule voyelle sans laisser entendre une syllabe, encore moins un mot. A proprement parler elle n'est pas absolument indispensable à la parole, elle n'est utile que pour se faire entendre à une plus grande distance. « Si les hommes étaient toujours très-proches les uns des autres et qu'ils eussent tous l'ouïe délicate, ils pourraient tout aussi bien se parler à voix basse, c'est-à-dire uniquement au moyen du vent. On pourrait donc prendre l'air tout seul vide de son pour le principal organe de la parole » (1).

En dernière analyse, « les éléments de la parole ne sont autres que des bruits seuls formés dans la bouche, ou des sons ayant leur origine dans le larynx, et qui, réunis à ces bruits ou modifiés par eux, se lient, s'articulent pour former ce que l'on est convenu d'appeler des syllabes » (2), c'est-à-dire le son constitutif du mot.

Si cette définition est juste, il résulte que nous possédons tous deux paroles : l'une simple, dite à voix basse, qui n'a pas besoin du concours du larynx pour être entendu, c'est la parole *aphonique*. La seconde, la parole complète, dite à voix haute, et mieux désignée par l'expression de parole *phonique*, se trouve toujours altérée ou anéantie par une lésion plus ou moins profonde de l'organe générateur des sons (3).

Pour être méthodique, il faudrait donc commencer l'étude physique des sons de la parole par ceux que nous employons dans la parole aphonique, puis montrer

(1) Kempelen, loc. cit., p. 63.
(2) Deleau, Mémoire lu à l'Académie des sciences, 21 juin 1830.
(3) Deleau, loc. cit.

que ces éléments phonétiques se retrouvent dans la parole à voix haute, mais associés à un son laryngien qui en augmente l'intensité, et rechercher si dans cette dernière forme de la parole ne se trouvent pas certains signes phonétiques qui manquent dans la parole à voix basse. Une semblable étude serait d'un grand intérêt, mais elle dépasserait les bornes de ce travail, aussi nous bornerons-nous à envisager la parole employée le plus ordinairement dans les relations sociales, c'est-à-dire la parole à voix haute.

§ 2.

Outre tous les sons ayant une valeur musicale produits dans le larynx, il est une multitude de sons et de bruits qui naissent dans le tuyau annexe et qui, avons-nous dit, constituent la parole par leurs associations diverses. Les langues n'emploient pas tous les sons qui peuvent être engendrés de cette manière, parce qu'il s'en trouve parmi eux qu'on aurait de la peine à unir avec d'autres. La majeure partie de ceux dont l'association présente le plus de facilité se rencontrent dans la plupart des idiomes. Les langues possèdent en commun un certain nombre de sons généraux, mais il y a aussi dans chacune un petit nombre de sons qui lui appartient en propre et qui n'appartient pas aux autres. Les Allemands n'ont pas le son que le Français exprime par *j*; les Français n'ont pas le *ch* des Allemands, et ces deux nations n'ont pas le *th* des Anglais.

Toutefois, il est remarquable que les alphabets diffèrent surtout par la forme des signes, mais que ces derniers représentent des sons élémentaires qui se retrouvent à peu près les mêmes dans toutes les langues. Si à cet égard les langues diffèrent entre elles, c'est plutôt par la préférence que les unes et les autres accordent à certains sons élémentaires et à l'emploi plus fréquent qu'elles font de ces derniers.

Dans le présent chapitre, nous nous proposons d'étudier la nature des sons simples représentés par les lettres de l'alphabet français. Cette question si simple en apparence a été déjà l'objet de recherches très-nombreuses, et cependant il y règne encore la plus grande confusion.

Pas plus les grammairiens entre eux que les physiologistes, jamais on n'a pu s'entendre soit sur la classification des lettres, soit sur leur formation particulière. Si l'on veut essayer d'expliquer complétement la formation d'un son articulé par le jeu de tel ou tel organe considéré spécialement, on s'expose à commettre de graves erreurs. La formation d'un son articulé exige le concours de plusieurs de ces organes, de tous peut-être. Une classification basée uniquement sur ces principes est nécessairement fausse, dès qu'il s'agit d'établir des distinctions subtiles entre les sons paraissant devoir leur existence à l'activité d'un même organe. Une classification des sons articulés ne peut être faite que par à peu près, la distinction la plus ancienne et la plus généralement adoptée est celle des *voyelles* et des *consonnes*.

Si nous considérons la voix humaine comme un courant d'air continu émis à l'état de souffle par les poumons, changé en son vocal par les vibrations des cordes vocales, puis modifié par les différentes positions de la langue et des lèvres, nous nous expliquerons la formation des voyelles. Pour la formation des consonnes, il faut voir ce courant vocal plus ou moins arrêté dans son libre passage à travers la bouche. La voyelle est le résultat d'une modification simple et unique de la bouche. La consonne demande une modification double (1).

Du reste, qu'on y réfléchisse bien : « L'articulation ne se produit qu'au moyen du courant d'air qui résonne. Ce courant d'air donne à la fois deux sons parfaitement distincts : l'un au lieu d'où il part, l'autre à l'ouverture par laquelle il sort. C'est ce double son qui forme la *syllabe*. La syllable ne se compose pas, comme semblerait l'indiquer notre manière de l'écrire, de la réunion de plusieurs sons divers, c'est un son unique, instantané. La séparation en consonne et voyelle est purement artificielle. En fait, la consonne et la voyelle forment une unité inséparable pour l'oreille, unité que notre écriture brise. Aussi est-il bien plus juste de ne désigner la voyelle que comme une des modifications de la consonne et non comme une lettre particulière, c'est ce que font quelques alphabets orientaux. La voyelle ne peut pas plus être prononcée seule, comme on a coutume de l'enseigner, que la consonne; son émission est toujours nécessairement précédée sinon d'une consonne bien déterminée au moins d'une aspiration quelque légère qu'elle soit, et qui n'est qu'une consonne affaiblie. Ainsi les consonnes et les voyelles ne sont que des conceptions idéales, qui n'ont aucune

____

(1) Kersten, Essai sur l'activité du principe pensant considéré dans l'institution du langage ; Liége, 1853.

existence dans la réalité. La syllabe constitue une unité de son. Elle devient mot en recevant un sens, une signification, c'est-à-dire en devenant signe d'une idée. Pour cela la réunion de plusieurs syllabes est souvent nécessaire » (1).

Ces remarques sont d'une grande justesse, et il importe de bien se pénétrer de ceci: La division des sons de l'alphabet en voyelles et en consonnes est purement artificielle, elle est le résultat de l'analyse rigoureuse à laquelle les hommes ont dû soumettre les mots lorsqu'ils inventèrent le langage écrit.

Quoi qu'il en soit, les voyelles et les consonnes ont été de tout temps distinguées de la même manière : aujourd'hui les classifications des lettres sont basées sur cette même séparation, et les consonnes sont considérées comme la charpente du système osseux des mots. Le grand philologue Grim était tellement de cet avis qu'il en fait le principe fondamental de son système phonétique (2). L'étude approfondie des voyelles et des consonnes est donc indispensable.

« Les articulations humaines ne sont et ne peuvent être que des modifications plus ou moins étendues de trois consonnes et de trois voyelles que nous trouvons presque partout à l'état pur ; c'est ce qui s'explique, parce qu'elles sont le produit immédiat du contact des trois principaux organes de la parole, la gorge, les dents, les lèvres : d'où résultent les trois grandes classes des gutturales, des dentales et des la-

(1) Humboldt, loc. cit., p. 56.
(2) Deutsche gramm., t. I, p. 30.

biales. Pour les voyelles, ce sont *a* , *i*, *u* (1) ; elles changent et s'oblitèrent beaucoup plus facilement que les consonnes, ne faisant en quelque sorte que nuancer les syllabes, dont les consonnes forment comme le contour ; elles n'ont à côté de celles-ci qu'une valeur secondaire dans la structure et la comparaison des mots.

Les consonnes ont aussi trois degrés principaux dans leurs articulations, et le prototype de chacun d'eux se trouve dans les trois articulations suivantes :

Gutturales, *K ;*
Dentales,   *T ;*
Labiales,   *P ;*

chacun avec sa prononciation forte et faible et susceptible d'aspiration (2).

En résumé, la parole consiste d'abord dans l'émission de sons qui ont des caractères différents, des timbres particuliers et qu'on nomme *voyelles*. Les langues diverses n'en reconnaissent et n'en emploient qu'un petit nombre, *a, e, i, o* ou *u*, mais en réalité, dans toutes leurs variétés, les voyelles sont réellement infinies en nombre et peuvent passer d'une manière continue par les variétés *e* en *é, è, i*. L'*o* peut également ment engendrer, par gradations insensibles, les timbres *ô* ou *u*. Il faut encore ajouter à ces sons les terminaisons des mots en *an, in, on, un*, véritables timbres qu'on peut indéfiniment prolonger, et par conséquent véritables voyelles. Cependant, pour les

(1) Bindseil, Physiologie der stimm, p. 232.
(2) Terrien Poncel, Du Langage, in-8 ; Paris. 1867, p. '8.

besoins de la pratique, certaines voyelles pouvant servir de types principaux, ont été reconnues dans toutes les langues; chaque langue consacre d'ailleurs une prononciation spéciale.

Le second élément de la parole humaine consiste dans les consonnes, qui ne sont point des sons, mais des modes de commencer ou de finir les voyelles par une sorte d'explosion, par un coup de langue ou un mouvement des lèvres. Cette explosion précède le son et cesse aussitôt qu'il a pris naissance dans le *ba*, *bé*, *bi*..., ou bien elle se termine par un mouvement final des lèvres analogue au mouvement initial dans *ab*, *at*, *ar*. Outre ce rôle, quelques consonnes ont la propriété de représenter une sorte de sifflement ou de frottement, *s*, *z*, *j*, *r*, qui peuvent se continuer indéfiniment sans émission de son proprement dit : d'où la division en consonnes non soutenues et consonnes soutenues.

Ainsi la combinaison des voyelles et des consonnes fait les syllabes, et de la combinaison des syllabes naissent les mots des langues.

Les mouvements d'organes qui sont représentés par les consonnes ont été soigneusement étudiés par les physiologistes, les médecins qui s'occupent des vices de la parole, et enfin les professeurs de chant et de déclamation (1). Nous ne nous y arrêterons pas ;

(1) Gerdy, Mémoire sur la voix et la prononciation, in-8 ; Paris, 1842.
. Muller, Manuel de physiologie, t. II.
Longet, Traité de physiologie, t. II, in-8 ; Paris, 1869.
Guillaume, Art. Begaiement du Dictionnaire encyclop. des sciences médicales. — Paris, 1868.
De la Madeleine, Théorie complète du chant, in-12 ; Paris, 1864.
Fournié, Physiologie de la voix, in-8 ; Paris, 1868.

la seule chose qui doive nous occuper est celle des origines, des caractères distinctifs et des causes de ces sons spéciaux qu'on nomme *voyelles*.

§ 3.

La formation et la nature des voyelles dans la voix humaine a provoqué depuis longtemps les recherches des physiciens et des physiologistes. Nous savons distinguer parfaitement les sons de deux voyelles, même alors qu'elles ont le même ton et la même intensité. Quelle est donc la qualité qui rend cette distinction possible? C'est le timbre, c'est là ce que les recherches d'Helmoltz ont mis en pleine évidence.

Si la voix, considérée comme son, naît dans la glotte, c'est dans le tuyau vocal et surtout dans la bouche qu'elle devient voyelle; c'est là un simple effet de résonnance buccale.

Disons d'abord quelques mots des particularités que présente la résonnance du tuyau vocal. Il y a deux cas à considérer dans la résonnance sympathique des caisses et des tuyaux résonnants, où la masse d'air qui vibre sous l'influence d'un son donné est à même de renforcer le fondamental, et en outre un certain nombre des harmoniques du son considéré, où le son le plus grave de la caisse résonnante correspond non plus au fondamental, mais à l'un des harmoniques du son émis. Dans ce cas, l'harmonique en question est plus renforcé par la résonnance que le fondamental et les autres harmoniques, et par conséquent se détache de l'ensemble avec une énergie particulière. Le son prend alors un caractère tout spécial, il devient plus ou moins semblable à l'une des voyelles de la voix humaine.

« Les voyelles sont en effet des sons produits par des anches membraneuses, les cordes vocales, dont la caisse résonnante, c'est-à-dire la bouche peut prendre une largeur, une longueur, et un ton variable, de manière à renforcer tantôt l'un, tantôt l'autre des sons partiels » (1).

Pour passer d'une voyelle à une autre, il n'est pas nécessaire de modifier les cordes vocales et de changer le son laryngien produit, il suffit de modifier la forme de la bouche; alors l'harmonique, qui est renforcé, change, et à chaque note ainsi favorisée ou mise en relief correspond un timbre spécial. Pour passer de l'*a* à l'*o* par exemple, il suffira, sans que le gosier intervienne, de donner successivement à la bouche les formes convenables.

Une expérience facile à rappeler nous fait voir que la voyelle n'est autre qu'un timbre, un ensemble de notes simples. Elle consiste à montrer que la voyelle se produit lorsque les divers sons simples qui composent un son analogue à celui d'une voyelle prononcée par une voix humaine, proviennent d'une source unique ou de plusieurs sources différentes. « Un piano dont on a enlevé tout le système d'étouffoirs ne répond pas seulement par des sons de même hauteur que ceux qu'on produit à côté de lui: si vous chantez la voyelle *a* sur une note quelconque du piano, le piano répond très-distinctement *a*; si vous chantez *e*, *o* ou *u*, les cordes répondent exactement

(1) Helmoltz, loc. cit., p. 136.

e, o, u. Il suffit pour cela de produire bien exactement la note que vous voulez chanter. Mais le son de voyelle que répond le piano ne peut se produire que par ce fait que les cordes intérieures qui correspondent aux harmoniques de la voyelle vibrent en même temps. Si vous laissez reposer l'étouffoir sur ces cordes, l'expérience ne réussit pas » (1).

Concluons donc que conformément à ce que nous avions dit plus haut : la voyelle est l'espèce de timbre particulier que prend un son laryngien quelconque quand la résonnance buccale renforce parmi ses sons supérieurs celui qui coïncide avec une certaine note déterminée, ou plutôt qui se rapproche le plus d'une certaine note fixe.

Helmoltz a constaté que chaque voyelle est caractérisée par une ou deux notes toujours les mêmes, indépendantes du sexe ou de l'âge de la personne qui parle, ou, ce qui revient au même, indépendante de la grandeur de la bouche ; indépendante de la hauteur du son laryngé qui sert de support à la voyelle, mais variable selon l'accent avec lequel on parle.

Les notes de plus forte résonnance de la bouche qui déterminent le timbre de chaque voyelle ont été nommées par Helmotz les notes caractéristiques de la voyelle ; Jamin (2) propose de les nommer *vocables*, nous nous servirons indifféremment de ces deux expressions.

Ces considérations générales sur la nature des voyelles étant bien entendues, cherchons maintenant

(1) Helmoltz, Causes physiologiques de l'harmonie musicale. Revue des cours scientifiques, 16 février 1867, p. 187.
(2) Cours de physique de l'École polytechnique, t. II, p. 639.

quelle est la composition de chaque voyelle en particulier.

Et d'abord, la définition des voyelles par cinq lettres de l'alphabet est tout à fait insuffisante. Le nombre en est pour ainsi dire illimité, si l'on veut tenir compte des nuances de la prononciation ; il faudrait en distinguer au moins sept principales qui d'après la disposition de la bouche se groupent dans l'ordre suivant (1) :

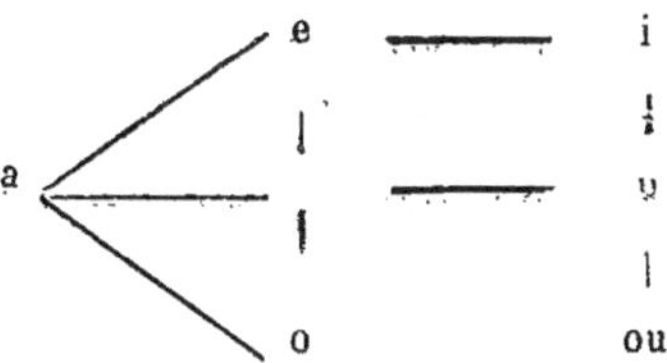

On voit, d'après ce tableau, que nous donnons ici au mot voyelles son sens véritable, c'est-à-dire celui qu'il a reçu soit en physiologie soit en philologie comparée,

(1) Helmoltz groupe ainsi les voyelles d'après l'alphabétique générale de Dubois-Reymond (Berlin, 1862, p. 162). Déjà Chaldni avait dit dans son Acoustique : « Le nombre possible de voyelles est dix. La voyelle *a* se forme en laissant ouvert tout l'extérieur et l'intérieur de la bouche. A compter de cette voyelle, il y a trois séries :

1°

a
ô   (o ouvert), comme dans quelques mots anglais, et comme aa en
     danois et a en suédois.
o   (o ordinaire) qu'on pourrait appeler o fermé.
ou qui s'exprime, en italien, espagnol, allemand, etc., par u ; en
     hollandais par oe.

2°

a
è   (e ouvert) qui s'exprime aussi en français par ai, en allemand
     par ä.
é   e fermé.
i

et que par conséquent nous considérons les sons tels que *ou*, *eu* comme des voyelles, bien que la langue française fasse usage de deux lettres pour les représenter.

Pour suivre le système que nous allons exposer, il faut oublier celui des grammaires : « Toutes les grammaires, obligées d'abord de se conformer à l'imperfection que les langues ont reçues de l'ignorance qui a environné leur berceau, sont très-imparfaites sur les questions relatives aux voyelles et aux consonnes et sur l'orthographe qui doit les exprimer. Ainsi, dans notre langue en particulier, le même son est reconnu dans un

3°

a
eù (ouvert) comme dans le mot bonheur, intermédiaire entre ô et è.
eú (fermé) comme dans le mot affreux ou comme ö en allemand, danois et suédois, et comme eu en hollandais ; intermédiaire entre ô et é.
u   qui s'exprime en allemand par ü, en danois et suédois par y, et en hollandais, comme en français, par u ; intermédire entre ou et i.

Pour voir ces trois séries d'un seul coup d'œil, il faut les ranger de la manière suivante :

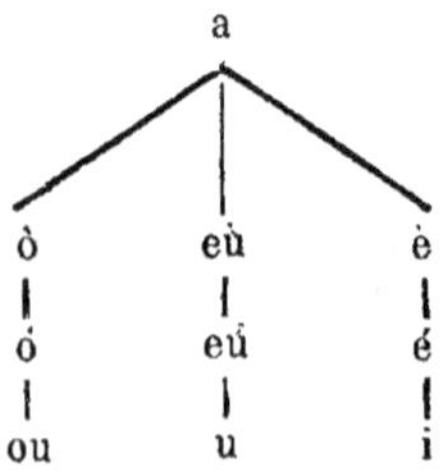

On ne peut pas prononcer une de ces voyelles immédiatement après l'autre, sans toucher légèrement les intermédiaires. (1)

____

(1) Chaldni. Acoustique ; Paris, 1809, p. 69.

mot pour un son voyelle, tel est le son de *o* dans *pot* (vase), et dans *peau* (membrane extérieure du corps des animaux), il est pris pour un son d'une autre nature et rendu par deux voyelles que l'on nomme une diphthongue. Mais il n'y a réellement point de son diphthongue. Les syllabes eau de perdreau, ue de orgueil, ne sont point de sons voyelles doubles, on n'entend jamais qu'un son frapper l'oreille dans leur prononciation et il n'y a que la multiplicité des lettres qui ait pu donner une idée contraire. » (1).

La division des voyelles en trois séries, telle que nous venons de la présenter, est basée sur l'observation physiologique.

En effet, la voyelle *a* résultant d'une disposition moyenne des parties connues, est la plus facile à produire; tous les enfants la prononcent la première. Lors de l'émission de l'*a*, la position de tous les organes de la parole étant la plus naturelle et la plus commode, elle forme le point de départ des trois sortes de sons voyelles *a, é, i* — *a, eu, u* — *a, o, ou*. Cette importance pour n'avoir pas été toujours appréciée a été cependant devinée, car l'*a* est placé en tête de tous les alphabets, excepté de l'alphabet éthiopien.

«On peut considérer l'*a* comme un centre phonétique en avant et en arrière duquel se forment les différents timbres qui caractérisent les voyelles. » (2).

1° Si partant de l'*a* nous allons en arrière et que par un retrait de la langue nous donnions à la cavité buccale toute la capacité possible, en même temps que

(1) Gerdy, Physiologie, t. I, p. 775.
(2) Fournié, Physiologie de la parole, p. 721.

par le moyen des lèvres l'ouverture orale est rétrécie, nous avons successivement les timbres *o, u*. Dans l'*ou*, le rétrécissement est maximum.

« La forme générale de la bouche se rapproche de celle d'une bouteille sans goulot, dont l'orifice, celui de la bouche, est assez étroit, mais dont la capacité intérieure s'étend dans toutes les directions sans aucune séparation. Le son propre d'une semblable cavité en forme de bouteille est d'autant plus grave que la capacité intérieure est plus grande et l'embouchure plus étroite, comme on peut s'en assurer par des expériences faites sur des bouteilles de verre » (1).

2° Si partant de l'*a* nous allons en avant, que par un mouvement de propulsion nous jetions la langue en avant et qu'en même temps les lèvres tirées de côté diminuent la section du courant d'air, nous avons successivement *a* [*ai* (paraître) *é* (être)] puis [*ai* (faire) *è* (père)] et enfin *i*.

Alors les lèvres sont écartées, mais le courant d'air se trouve resserré entre les parties antérieures de la langue et la voûte palatine, tandis que la cavité est agrandie et s'ouvre immédiatement dans le pharynx, parce que la base de la langue est contractée.

« La forme de la bouche se rapproche alors de celle d'une bouteille à goulot étroit, la panse de la bouteille se trouve en arrière dans le pharynx ou arrière-bouche, le goulot est l'étroit canal formé par la surface supérieure de la langue et la voûte du palais. Dans les séries *ai*, *é i*, ces modifications sont de plus en plus prononcées, en sorte que pour l'*i* la panse de la bou-

(1) Helmoltz, loc. cit., p. 139.

teille atteint son maximum et le goulot son mini-
mum. » (1).

Enfin, dans la troisième série de voyelles celle qui
va de l'*a* à l'*u* en passant par l'*eu*, nous avons dans
l'intérieur de la bouche la même disposition de la
langue que dans la série précédente. Mais indépendamment du rétrécissement qui se produit ici comme
dans la série précédente, entre la langue et le palais,
les lèvres se rapprochent de manière à former comme
un tube qui prolonge en avant le précédent.

« En somme, la cavité de la bouche ressemble encore
ici à une bouteille munie d'un goulot, mais plus long
que pour les voyelles de la seconde série » (2).

Ces remarques font bien voir que la classification
des voyelles en trois séries est fondée sur des données
parfaitement naturelles, nous allons en outre reconnaître que chaque groupe se trouve caractérisé par un
même mode de résonnance buccale.

§ 4.

D'après Helmoltz, les voyelles *ou*, *o*, *a* n'ont qu'une
seule note spécifique, les autres voyelles en renferment
au moins deux. Cette dernière circonstance s'explique
aisément, car nous avons vu que lors de l'émission de
ai, *é*, *i*, *eu*, *u*, la bouche prend la forme d'une bouteille
à goulot plus ou moins long, alors il y a une note qui
résonne dans la panse et une autre dans le goulot.
L'expérience a montré directement que dans un-

(1) Helmoltz, loc. cit., p. 140.
(2) Helmoltz, loc. cit., p. 142.

espace ainsi conformé les deux cavités vibrent comme si elles étaient libres.

Nous écrivons ainsi le tableau des vocables correspondant aux diverses voyelles :

ou	o	a	ai	é	i	eu	u
fa_2	$si\,b_3$	$si\,b_4$	$ré_4$	fa_3	fa_2	fa_3	fa_2
			sol_5	$si\,b_5$	$ré_6$	ut_5	sol_6

Ecrites en langage musical, les notes caractéristiques des différentes voyelles sont

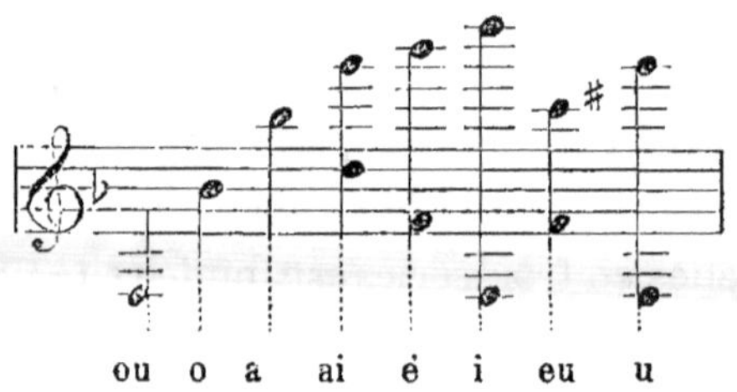

Les expériences qui ont fourni les résultats précédents ont été faites, les voyelles étant prononcées en allemand avec l'accent du nord de l'Allemagne.

En outre, les notes sont calculées pour le $la_3 = 880$ vibrations simples ; diapason adopté par le congrès des savants allemands en 1834.

Il serait à désirer que les mêmes expériences fussent répétées en prononçant les voyelles en français, mais ce travail n'a pas été encore entrepris. En outre, les résultats obtenus par Donders relativement à la prononciation hollandaise, et par Willis en prononçant en anglais, ne se prêtent pas à une comparaison facile avec ceux d'Helmoltz, car les méthodes suivies par ces trois expérimentateurs, sont légèrement différentes. Donders s'est servi du frôlement de l'air dans la bouche pendant le chuchotement pour déterminer la hauteur de la résonnance buccale. Les nombres de Willis ont été déduits d'expériences faites sur des tuyaux convenablement accordés. Voici, d'après le livre de Helmoltz [1], le tableau comparatif des résultats.

Voyelles.	Hauteur d'après	
—	Helmoltz.	Donders.
ou	fa_1	fa_2
o	si b_2	re_2
a	si b_3	si b_2
eu	utδ_4 — (2)	sol ?
u	sol_4 — la b_4	la_3
e	si b_4	utδ_4
i	re_5	fa_4

Voyelles.	Dans les mots anglais.	Hauteur d'après	
—	—	Helmoltz.	Willis.
o	no	ut_3	ut_3
ao	nought	mi b_3	mi b_3
	paw	sol_3	sol_3
a	part	mi b_4	mi b_4
	paa		fa_4
e	pay	si b_4	re_5
	pet	ut_5	ut_6
i	see	re_5	sol_6

L'influence que la disposition de la bouche exerce sur le timbre de la voix consiste donc dans le renforcement des notes partielles de chaque son qui se trouvent à l'unisson ou très-voisines de l'un des sons propres de la cavité buccale ; toutes les autres notes partielles sont très-sensiblement affaiblies, l'intensité des sons partiels d'une voyelle ne dépend donc pas du

---

(1) Helmoltz, loc. cit., p. 149.
(2) Nous représentons par δ la note diézée.

rang qu'ils occupent dans la série harmonique, mais bien de leur hauteur absolue, et c'est là ce qui distingue le timbre des voyelles de celui de nos instruments de musique. Prenons par exemple une flûte : quelle que soit la note qu'elle donne, ce sera toujours la note à l'octave qui résonnera en même temps avec une certaine intensité. Mais si l'on chante A sur une note quelconque, on ne peut pas prévoir, en général, quel harmonique sera renforcé ; tantôt ce sera l'octave, tantôt la douzième ou la dix-septième, ou quelqu'autre terme de la série harmonique. Ainsi quand la note sur laquelle on chante a est le si b_3, c'est l'octave qui se trouvera renforcée, puisque le si b_4, note spécifique de la voyelle a, est à l'octave du si b_3. Mais, si la note fondamentale est le mi b_1, c'est le douzième harmonique qui éclate ; car le si b_4 est le douzième terme de la série harmonique du mi b_1, il y a là une vague analogie avec le violon où la caisse renforce aussi certaines notes voisines du son propre de la masse d'air emprisonnée.

Cette loi générale de la constitution des voyelles peut être vérifiée de plusieurs manières.

Les expériences se divisent en deux groupes, dans les unes on fait l'analyse de la voyelle, dans les autres on en fait la synthèse.

1° On prononce distinctement la syllabe a sur le ton de ut_2, devant la série des résonnateurs de l'analyseur acoustique de Kœnig, et on examine les traînées lumineuses des flammes manométriques dans le miroir tournant. Il y en a deux qui sont tremblées, c'est ut_2, c'est-à-dire la note elle-même, et si b_4, la vocable qui caractérise a. Si on change la voyelle sans altérer la hauteur et qu'on prononce *o*, ut$_2$ ne change pas, la flamme si b_4 cesse d'être tremblée, mais si b_3, qui ne l'était pas, devient discontinue. On pourra ensuite changer la hauteur du son sans changer les vocables qui accompagnent *a* ou *o* ou bien faire l'expérience avec des voix d'homme, de femme et d'enfant et le résultat sera toujours le même.

2° Puisque les sons spécifiques des voyelles sont fixes, on peut construire des diapasons qui les émettent et des résonnateurs correspondants qui les renforcent. Mettons en vibration le diapason si b_3 et plaçons-le devant la bouche, à laquelle nous donnerons successivement les formes qui conviennent à l'*a* et à l'*o*. Dans le premier cas, elle ne résonnera pas dans le second, elle renforcera si b_3 et on entendra *o*. Ce sera l'inverse si on faisait l'expérience avec le diapason si b_4.

C'est en étudiant la résonnance de la cavité buccale à l'aide des diapasons qu'Helmoltz a trouvé la hauteur à laquelle la masse d'air buccale est accordée dans les diverses positions de la bouche, lorsqu'elle est disposée de manière à produire les différentes voyelles. Cette méthode avait été déjà suivie pour arriver au même but par Donders, qui avait ainsi déterminé les sons spécifiques des voyelles dans la voix haute et dans le chuchotement (1). Cette méthode fut d'une application facile pour les voyelles caractérisées par une seule vocable. Mais lorsque la bouche prend la forme d'une bouteille à goulot rétréci, comme il faut déterminer la résonnance spéciale des deux parties de la cavité

____

(1) Archives für die Hollansdischen, etc. Von Donders, t. I.

buccale, on éprouve des difficultés assez sérieuses quandon essaye de déterminer les sons plus graves qui résident dans la partie postérieure de la cavité de la bouche. On doit alors placer le diapason aussi près que possible de l'orifice de la cavité postérieure, derrière les dents supérieures. Helmoltz a ainsi trouvé le $ré_3$ de l'*ai* et le fa_2 de l'*é*. Pour l'*i* il n'a pu observer directement avec les diapasons, et il a conclu à l'existence de fa_1 en considérant qu'alors la partie la plus reculée de la bouche devait donner un son aussi grave que celui de l'*ou*.

3° Au lieu de faire vibrer les diapasons si b_4 et si b_4 devant la bouche, on les place auprès de l'ouverture antérieure des résonnateurs correspondants, et l'on trouve qu'ils prononcent *a* ou *o*. On peut aussi, et plus simplement faire parler ces résonnateurs en dirigeant un courant d'air sur le bord de leur ouverture, comme sur le biseau d'une flute; cette fois encore on obtient *a* ou *o*. Enfin nous avons dit que, par un moyen analogue, M. Kœnig faisant entendre toutes les voyelles en dirigeant un courant d'air sur l'orifice oral, la bouche était successivement disposée de façon à être accordée à la hauteur des vocales de chaque voyelle.

4° M. Willis (1) a remplacé les résonnateurs par des tuyaux qui rendent les sons des diverses vocables auxquels il adapte des embouchures à anche. Quand on les fait parler, on réalise les conditions de la voix humaine, l'anche produit un son comme la glotte, et

(1) On the vowel sounds and on Reed organ pipes, by Robert Willis. M. II. Fellon of Caius. College of the Cambridge Philosophical Society. Transactions of Cambridge philosop. Society, t. III, p. 231.

le tuyau en y ajoutant le vocable détermine telle ou telle voyelle. Il se servait aussi d'une embouchure à anche montée sur un tuyau dont on pouvait faire varier la longueur à volonté. Dans ses conférences sur le son faites à l'institution royale de Londres, M. Tyndall la reproduit l'expérience qui avait donné à Kempelen l'idée de sa machine parlante; il décrit cette expérience dans les termes suivants : «Voici une anche libre ajustée dans une cloison, à laquelle aucun tuyau n'est encore associé. Installons-la sur un sommier acoustique et forçons l'air à la traverser, elle parle avec une grande énergie. Adaptons maintenant à la cloison un tuyau pyramidal, vous constatez qu'un changement est survenu dans le timbre, et si nous appliquons les mains à plat sur l'extrémité ouverte du tube, nous serons frappés de la ressemblance du son rendu avec celui de la voix humaine. La main restant appliquée sur l'extrémité ouverte du tube, de manière à le fermer entièrement, élevons-la et abaissons-la deux fois dans une succession rapide, nous entendons le mot maman aussi clairement que s'il était prononcé par un enfant. » (1).

En ajoutant à une série d'anches munies de tuyaux convenablement accordés, combinées à des membranes susceptibles de produire les bruits qui caractérisent les consonnes il est possible d'imiter la parole. On connaît ces poupées mécaniques qui disent papa, maman. Rivarol, dans son discours sur l'universalité des langues, parle d'un abbé Mical qui avait imaginé vers 1786 une tête colossale capable de pro-

(1) Le Son, par John Tyndall. Traduit par l'abbé Moigno Paris, 1869, p. 213.

noncer des phrases entières. On trouve aussi des renseignements curieux sur les machines imitant la parole humaine dans Le Borgnis, *Traité des machneis imitatives*. En 1791, Van Kempelen, à Vienne, montrait un automate qui parlait, la main gauche maniait le soufflet, et la droite les ressorts imitant les organes de la voix (1). Des recherches de Kratzenstein se trouvent dans les observations sur la physique par Reider, supplément, 1782, p. 758. Il a aussi construit une machine imitant les voyelles. Le travail de Kratzenstein fut couronné par l'Académie de Saint-Pétersbourg qui, en 1779, avait mis au concours la question de la formation des voyelles et des consonnes.

Après avoir fait l'analyse du timbre des voyelles à l'aide des résonnateurs. M. Helmoltz a essayé leur synthèse, en ajoutant à un son simple donné un certain nombre de ses harmoniques convenablement choisis, et produits avec une intensité convenable.

L'appareil employé par Helmoltz, et qu'il a nommé appareil à voyelles, se compose de 8 diapasons correspondant au si b_1 ($= 120$ vibr. doublées) et ses 7 premiers harmoniques, *si b_2 fa$_3$ si b_3 ré$_4$ la$_4$ si b_4*. Le son fondamental correspond à peu près à la région où parlent ordinairement les voix de basse. Pour imprimer aux diapasons un mouvement très-régulier et durable, on les place entre les branches d'un petit électro-aimant, traversé par un courant interrompu à intervalles égaux. Chaque diapason *a* (fig. 8.) est vissé sur une planchette distincte *d d*, laquelle repose sur des mor-

(1) Kempelen : Le Mécanisme de la parole, suivi de la description de la machine parlante, in-12, Vienne, 1791.

Fig. 8.)

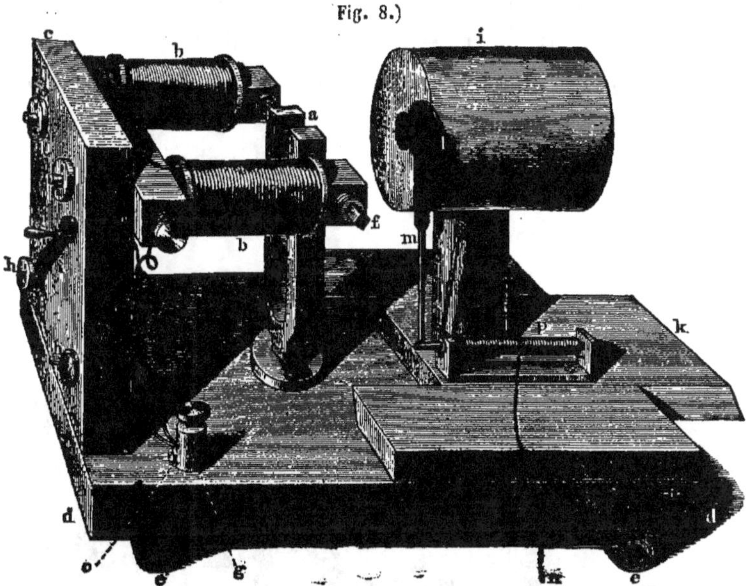

ceaux de tubes en caoutchouc, de manière à empê-
cher les vibrations du diapason de se communiquer
à la table. De cette manière, lorsque les diapasons
entrent en vibration, on entend extraordinairement
peu leur son, parce qu'ils ne peuvent communiquer
leurs vibrations que dans une très-faible proportion à
l'air ambiant ou aux solides qui les entourent. Si on
veut entendre le son résonner avec force, il faut approcher du diapason un tuyau résonnant i accordé au
même ton. Le tuyau est fixé sur une planchette k qui
peut glisser dans une rainure de la planche dd, de
manière à permettre d'approcher l'orifice du tuyau
aussi près que possible du diapason. L'orifice du tuyau
est fermé par un petit couvercle, supporté par un
levier m_p; en tirant un fil n adapté à ce levier, on
ouvre cet orifice, et le son du diapason se fait en-

tendre avec force. En n'ouvrant que partiellement, on peut donner au son une intensité aussi faible que l'on veut. Tous les fils qui ouvrent les tuyaux sont d'ailleurs rattachés aux touches d'un petit clavier (fig. 9) (1); en abaissant une touche, on ouvre le tuyau résonnant correspondant.

(Fig. 9.)

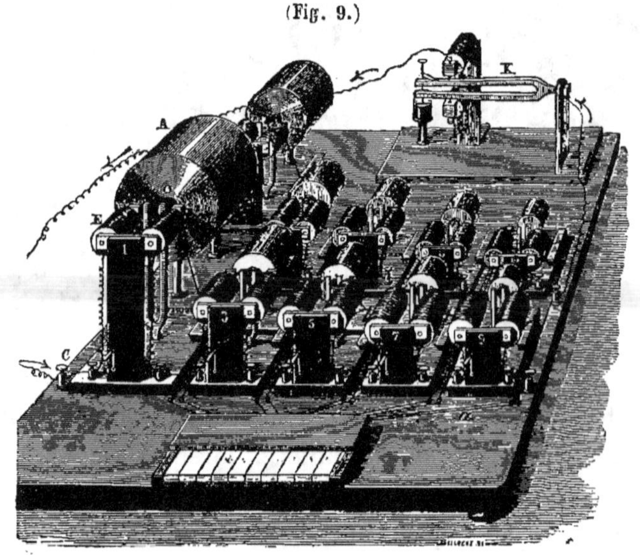

Nous avons dit que pour mettre les diapasons en mouvement, on emploie des courants intermittents qu'on fait passer à travers le circuit de l'électro-aimant; le nombre des passages du courant électrique doit être exactement égal au nombre de vibrations du diapason le plus grave, si b_1, c'est-à-dire 120 vibr. doubles à la seconde. De cette façon, les branches du diapason si b_1, sont attirées une fois à chaque vibra-

(1) Cette figure représente l'appareil tel voyelles, tel que le construit M. Kœning. Le dessin nous a été communiqué très-obligeamment par M. Ganot.

tion, et, seulement un instant, par l'électro-aimant correspondant. Les diapasons qui donnent les harmoniques 2, 3, 4, 5 obtiennent une attraction de la part de leur électro-aimant à chaque 2, 3, 4, 5 vibrations.

L'interruption du courant moteur était obtenu à l'aide d'un diapason bien réglé, et dont la fig. 10 explique aisément la disposition.

(Fig. 10.)

A la suite de nombreuses expériences, faites avec cet appareil, et un autre dans lequel les sons des diapasons partaient de si b_1, Helmoltz est arrivé à formuler les propositions suivantes.

Le son simple d'un tuyau est, comme on le sait, à peu près celui de la voyelle *ou*. Mais cette voyelle se fait entendre plus distinctement si l'on ajoute au son fondamental le son 3, rendu très-faible.

. La voyelle *o* résulte de la combinaison du son fondamental et de l'octave aiguë, les deux sons ayant à peu près la même intensité, il est avantageux de joindre à ces deux sons les harmoniques 3 et 4, tous deux très-faibles. Mais cela n'est pas nécessaire.

La voyelle *é* résulte de la combinaison des sons 1, 2, 3, le son 2 étant plus faible que 3. On peut y joindre 4 et 5 rendus très-faibles.

La combinaison du son fondamental avec les harmoniques 2 et 3, tous deux d'égale force, donnent la voyelle *eu* (comme dans feu).

La voyelle *u* résulte de la combinaison du son fondamental avec l'harmonique 3.

Pour obtenir la voyelle *i*, il faut combiner le son fondamental assez faible avec le son 2, plus fort, le son 3, très-faible, le son 4, très-fort, et le son 5, un peu moins fort. — Les sons 3 et 5 ne sont pas absolument nécessaires.

La voyelle *a* s'obtient en combinant le son fondamental avec les sons 3, 5, 6, 7, le son 3, assez faible, et si l'on supprime le dernier, la voyelle se fait entendre, mais avec un ton nasal.

Enfin, la voyelle *è* résulte de la combinaison du son fondamental avec les harmoniques 3, 4, 5, le son 3, assez faible.

Parmi tous les sons fournis par la nature qui paraissaient le mieux se prêter à être reproduits par les diapasons, viennent en premier lieu les voyelles de la voix humaine, parce qu'elles contiennent peu de bruits étrangers et présentent dans leur timbre des différences tranchées dues à la combinaison d'un petit nombre d'harmoniques. Cependant, il est juste de dire que dans les expériences avec l'appareil à voyelles, les voyelles obtenues se distinguent surtout lorsqu'on passe alternativement de l'une à l'autre. En outre, elles ressemblent davantage aux voyelles de la voix chantée, qu'à celles de la voix parlée, elles se rapprochent de celles que l'on entend lorsqu'on chante une voyelle devant la table d'un piano dont les étouffoirs sont levés. Cela vient de ce que dans l'appareil à diapasons, comme dans le chant, le ton fondamental domine les tons voisins, et les *bruits accidentels*, tandis que le contraire arrive dans la parole.

En résumé, des résultats obtenus, on ne peut rien conclure contre les vérités des principes que nous avons posés, touchant le timbre des voyelles: seulement ils prouvent qu'on ne connaît pas encore exactement toutes les vocables caractéristiques de chaque voyelle.

Les résonnateurs employés par Helmoltz ne permettent pas de faire une analyse complète des sons voyelles, et cela pour deux raisons: d'abord, parce que certains éléments harmoniques de la voyelle peuvent avoir une intensité tellement faible qu'ils n'impressionnent pas le résonnateur d'une manière facile à apprécier; et ensuite, parce qu'il est certains sons aigus pour lesquels il est impossible de construire des résonnateurs capables de les renforcer d'une manière notable. Ainsi Helmoltz n'a pas pu se servir des résonnateurs ni pour les harmoniques aigus de l'*ai* ni pour ceux de l'*è* et de l'*i*, « ici il a fallu généralement avoir recours à l'observation, au moyen de l'orcille seule » (1).

Il serait donc utile d'examiner la constitution, la voyelle s'adressant à des procédés plus délicats.

(1) Helmoltz, Théorie physiologique de la musique, p. 245

M. Kœnig a imaginé un procédé qui, bien appliqué, pourra conduire à des résultats intéressants. Il prend l'image d'une flamme manométrique agitée par

(Fig. 11.)

l'onde composée d'une voyelle, et cherche ensuite empiriquement à reconstituer la même image avec un son d'une composition connue. Cette nouvelle méthode, que l'on peut appeler méthode des flammes synthétiques, mérite de nous arrêter un instant.

Supposons deux tuyaux d'orgue, placés sur le même

sommier d'une soufflerie, accordés de telle sorte que l'un soit à l'octave de l'autre, ut_3 et ut_4 par exemple, munis chacun d'une capsule manométrique, traversée par un courant de gaz rapide. On fait parler les deux tuyaux, les flammes ne s'éteindront pas, mais elles éprouveront au moment des condensations et des dilatations de la colonne d'air, avec laquelle elles communiquent, des diminutions et des augmentations de longueur, et si, vis-à-vis, on dispose un miroir tournant, l'image des flammes formera deux lignes sinueuses où ces flammes paraîtront alternativement élevées et abaissées.

Or, dans le cas considéré, la flamme du tuyau ut_4 éprouvera deux fois plus de variations de longueur que la flamme de la note grave; elles seront alternativement concordantes entre elles (fig. 12). Faisons maintenant traverser les capsules des deux tuyaux par un

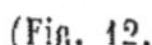

(Fig. 12.

même courant de gaz terminé par une soufflerie, elle montrera dans le miroir tournant des images discontinues en nombre égal à celles des notes aiguës grandes ou petites, au moment des concordances et des discordances.

(Fig. 13.)

Le rapport des sons émis par les tuyaux étant 1/2, on aura (fig. 13) une succession de grandes flammes suivies chacune d'une petite. Si le rapport des deux notes est égal à 4 : 5 *ut mi*, on aura par la même raison (fig. 14) cinq languettes décroissant de la première à la moyenne

(Fig. 14.)

qui est la troisième, et augmentant à partir de la quatrième pour reprendre sa grandeur première à la sixième et recommencer les mêmes variations. Dans ce nouveau mode d'expérience, la longueur des flammes exprime la grandeur des vibrations superposées (1).

Cela posé, voici comment M. Kœnig rend sensible le timbre des diverses voyelles chantées sur des notes

(1) Kœnig, Annales de Poggendorff, CXXXII, et Catalogue d'instruments d'acoustique ; Paris, 1865.

(Fig. 15.)

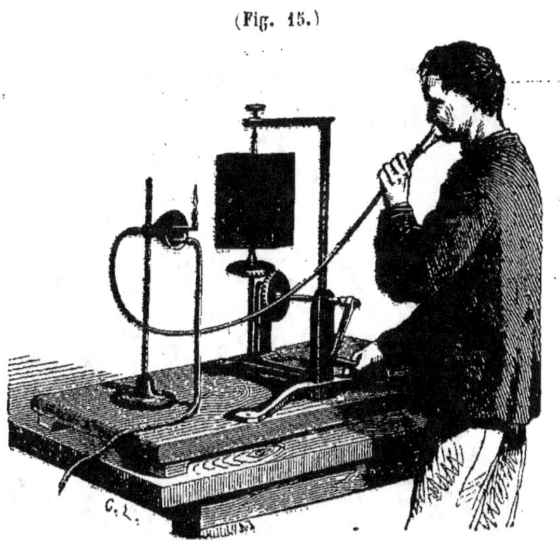

différentes. Il chante (fig. 15) une série de notes sur l'une ou l'autre de ces voyelles, pendant qu'il embouche une sorte de pavillon communiquant avec une capsule manométrique (voir page 30), et à l'aide du miroir tournant, il examine la flamme vibrante que donne le jet de gaz d'éclairage au sortir de la capsule. Il obtient pour chaque voyelle une traînée lumineuse ayant la forme d'un ruban dentelé, dont l'apparence changeante peut servir à révéler le nombre et la force relative des sons partiels de la voyelle.

Des cinq sortes d'images de voyelles que M. Kœnig a obtenues de cette manière en chantant successivement les cinq voyelles prononcées en allemand sur les 15 notes des deux octaves, depuis $ut_1 = 128$ vib. simples jusqu'à $ut_3 = 512$ vib. simples, nous présentons ici (fig. 16) la seule épreuve qui jusqu'ici avait paru dans les ouvrages spéciaux. Elle est empruntée à l'excellent livre d'un ami de M. Kœnig, ayant pour titre

(Fig. 16)

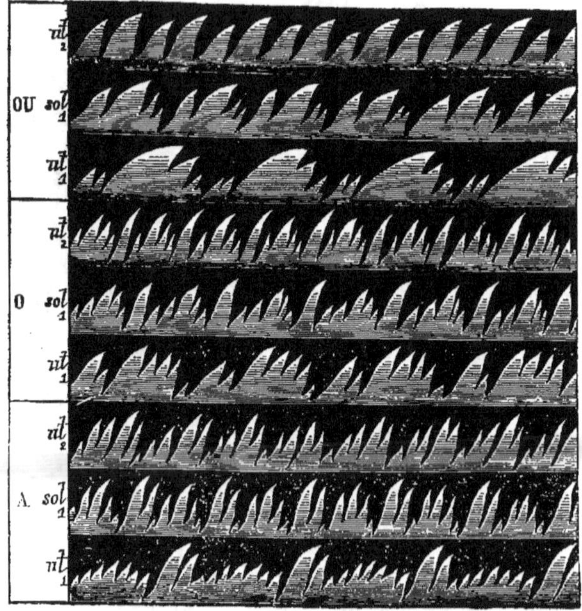

« *L'Acoustique ou les phénomènes du son*, » par R. Radau; Paris, Hachette, 1869 (1). Cette figure représente les images fournies par les voyelles *ou*, *o*, *a*, chantées sur les notes ut_2, sol_1, ut_1. Ces flammes montrent bien que par tout changement dans la prononciation, le nombre et l'intensité des tons supérieurs accessoires sont notablement changés. En outre, un rapide coup d'œil jeté sur les trois séries d'images nous fait voir que la voyelle *ou* est proportionnellement la plus imple, et que la voyelle *o* forme le passage d'*u* à *a*.

Nous joignons à cette première figure le dessin de

(1) Nous devons la communication de ce bois et du précédent à l'obligeance de M. Tremplier.

(Fig. 17.)

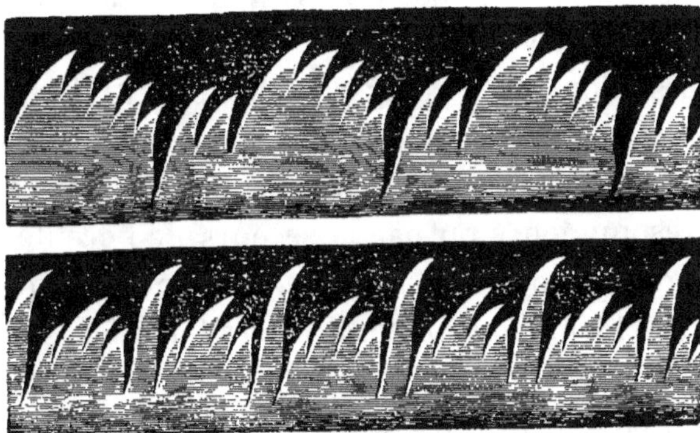

deux autres flammes. Dans la fig. 17, la ligne supérieure représente la flamme correspondant à o chanté sur $ut_1 = 128$ vib. simples et la ligne inférieure est l'image de o chanté sur $ut_2 = 256$ vib. simples. La

(Fig. 18.)

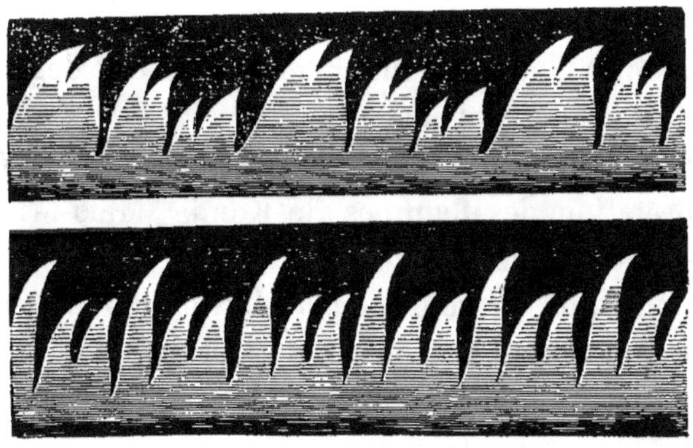

ligne supérieure de la fig. 18 montre l'image de la voyelle $é$ chantée sur ut_1 et ligne inférieure de la voyelle $é$ chantée sur ut_2. Ces dessins, jusqu'à présent inédits, nous ont été communiqués par notre ami M. Ganot. Nous croyons utile de les reproduire, tant sont rares les documents qui permettent d'étudier le timbre des voyelles.

Lorsqu'on saura analyser avec exactitude les flammes synthétiques, la constitution de la voyelle sera beaucoup mieux connue, qu'elle ne peut l'être à l'aide des résonnateurs ou par le secours de l'oreille seule. M. Kœnig a déjà entrepris de trouver empiriquement la loi de formation de ces diverses flammes, mais ses résultats n'ont pas été encore publiés, et du reste, il attend pour continuer ses recherches, qu'il ait trouvé un moyen de reproduire les images des flammes sonores d'une manière absolument certaine. Jusqu'alors il n'a pu que les faire dessiner aussi exactement que possible, mais on comprend aisément qu'un tel procédé ne comporte par toute l'exactitude désirable; aussi l'habile acousticien, auquel la science des sons doit déjà tant de belles expériences, travaille en ce moment à la reproduction photographique des images du timbre des voyelles.

En Allemagne, M. le Dr de Zahn a essayé l'interprétation des flammes de Kœnig. Mais les quelques indications manuscrites qu'il a communiquées à l'auteur d'un opuscule sur la physiologie du langage hébraïque (1) sont trop confuses et trop contradictoires pour que nous puissions nous arrêter à les discuter.

Un jugement sûr ne pourra être porté sur cette question délicate que lorsque les relations entre les

(1) Physiologie und Musik in ihrer Bedeutung für die Grammatik, besonders die hebraische von Franz Delitzch Leipzig, 1868.

divers tons accessoires d'un son fondamental donné et l'état de l'image de la flamme correspondante, seront empiriquement fixés, ou bien encore lorsque les analyses vocales seront réunies en assez grand nombre pour que de leur comparaison on puisse faire sortir les relations entre les vibrations composées et leurs flammes représentatives. Nous signalons ce point à l'attention des observateurs, il conduira certainement à des résultats plus complets que tous ceux obtenus jusqu'à ce jour.

Donders est parvenu à l'aide du phonotaugraphe à représenter mécaniquement les sons voyelles ; il a reconnu qu'à chaque voyelle, pour chaque ton fondamental sur lequel elle est chantée, répond une courbe constante. Ce qui est d'accord avec la théorie d'Helmoltz, mais il n'a pas encore donné une analyse des lignes ondulées plus ou moins compliquées qui représentent les voyelles.

§ 5.

Jusqu'ici nous avons envisagé la voyelle comme un timbre dont le caractère spécial dépend des relations d'intensité qu'affectent les sons partiels dans le phénomène de la résonnance du tuyau buccal. Mais il est un autre élément qui entre dans la composition des voyelles, sur lequel Donders (1) et même Helmoltz (2) ont insisté avec raison.

« Lorsqu'un son se fait entendre avec une intensité

(1) Archiv für die hollændischen Beitræge für Naturund Heilkunde. Von Donders, t. I, p. 157.
(2) Helmoltz, Théorie physiologique de la musique, p. 95.

uniforme ou variable, il se trouve mélangé dans la plupart des cas, et en raison du mode de production avec certains petits bruits, accusant les irrégularités plus ou moins grandes du mouvement de l'air. Les sons qu'on obtient par un courant d'air dans les instruments à vent sont presque toujours accompagnés, en proportions variables, des bruissements et des sifflements que l'air produit en venant se briser sur les bords aigus de l'embouchure. Que l'on fasse vibrer, avec l'archet d'un violon, une corde, une verge ou une plaque, on entendra le grincement particulier que produit le frottement de l'archet. Les crins dont il est formé présentent un grand nombre d'inégalités, très-faibles, il est vrai; l'enduit résineux n'est jamais appliqué uniformément; la conduite de l'archet emprunte au bras qui le pousse de petites irrégularités dans la force de la pression; toutes ces causes influent sur le mouvement vibratoire de la corde, au point, que le son d'un mauvais instrument ou celui que rend un artiste médiocre, se trouve, par suite de ces irrégularités, raboteux et rauque.

« Habituellement, lorsqu'on écoute de la musique, on cherche à ne pas entendre ces bruits; on en fait abstraction à dessein, mais une attention plus soutenue les fait très-bien distinguer dans la plupart des sons que produisent le souffle et le frottement. »

Les voyelles de la voix humaine ne sont pas exemptes des petits bruits dont nous parlons, quoiqu'elles appartiennent bien davantage à la catégorie musicale des sons de la voix. Ces petits bruits sont en partie les mêmes que ceux qu'on observe en prononçant les mêmes voyelles à voix basse dans le chuchotement.

On les rencontre au plus haut degré dans les voyelles *i*, *u*, *ou*, et on peut même les rendre facilement sensibles en parlant très-haut. Un simple renforcement des mêmes bruits transforme la voyelle *i* en la consonne *j* allemand, les voyelles *ou* en *u* anglais. Selon Helmoltz, pour *a*, *ai*, *è*, *o*, les bruits sont produits dans la glotte si l'on parle à voix basse et deviennent le son de la voix si l'on parle haut. En effet, on ne peut nier, que les voyelles prononcées dans la parole aphonique (*vox clandestina*) ne soient de simples bruits, que caractérise et que colore, si l'on peut ainsi parler, la configuration de la bouche, mais qui n'ont aucune tonalité musicale déterminée, il est également vrai que, même dans les voyelles chuchotées, certaines notes vagues, inhérentes à chaque voyelle, se laissent découvrir et que ces notes inhérentes sont invariables. Ce fait fut indiqué d'abord par Donders qui regarde ces bruits comme formés exclusivement dans la bouche, et il n'hésite pas à dire que «le timbre propre de chaque voyelle est déterminé principalement par le bruit accompagnateur. Que 1° ce bruit suffit en soi et pour soi, à caractériser complétement chaque voyelle; que 2° si l'on étouffe plus ou moins le bruit accompagnateur, le timbre net, clair de chaque voyelle n'a plus lieu; 3° que si l'on désire prononcer la voyelle tout à fait distinctement, on accentue le bruit; 4° que si la voix résonne avec force, la netteté de la voyelle est moindre» (1). Cela est très-sensible avec les voyelles *a*, *ai*, *u*, *è*, qui sont moins

___

(1) Donders, *loco citato*. Nous devons la connaissance du mémoire de Donders à un de nos anciens élèves, M. Bardot, très-versé dans la littérature scientifique allemande.

sonores en parlant qu'en chantant ; attendu que, par suite d'une pression plus forte à l'entrée du gosier, on substitue à un son chanté ample, un son parlé plus sec qui peut s'articuler plus distinctement. Ce renforcement du petit bruit paraît ici caractériser la voyelle. En chantant, au contraire, on cherche à favoriser la partie musicale du son, il n'est pas étonnant qu'alors l'articulation soit moins distincte.

Quoique les petits bruits accompagnateurs, ainsi que les petites irrégularités des mouvements de l'air, caractérisent à un haut degré les diverses émissions de la voix humaine, il ne faut pas cependant oublier que, dans la constitution du timbre des voyelles, comme dans la constitution de tout timbre musical, le plus grand nombre des particularités tient à la combinaison des harmoniques, et par suite à la période complétement régulière du mouvement vibratoire de l'air. Pour s'en convaincre, il suffit d'écouter des instruments de musique et des voix humaines, à une distance telle que les bruits cessent d'être sensibles. Malgré l'absence de ces bruits, on peut généralement distinguer les uns des autres les sons des différents instruments ; quoique bien certainement dans de telles circonstances, un son de cor puisse être pris pour le son de la voix humaine, un violoncelle pour un harmonium. Dans la voix humaine, les premiers sons, qui se perdent dans l'éloignement, sont ceux des consonnes qui sont précisément caractérisées par les petits bruits ; tandis que m et n et les voyelles se distinguent encore dans un éloignement considérable. Les consonnes m et n sont assimilées aux voyelles, parce que la bouche étant complétement fermée, il ne se manifeste aucun petit bruit caractéristique, et que le son de la voix sort par le nez. La bouche joue ici le rôle d'une boîte de résonnance qui transforme le son. Il est interéssant sur ce rapport d'écouter les voix humaines venant de la plaine, en se plaçant par un temps calme au haut d'une montagne; on ne distingue guère que les mots formés avec des *m*, des *n* et des voyelles simples, comme maman, non, et dans ces mots on entend très-aisément les voyelles qu'ils contiennent. Elles se succèdent dans un ordre bizarre, et forment des cadences qui paraissent tout à fait singulières, par la raison que, sans leurs consonnes, on ne pent les arranger en mot et phrases.

En conclusion de ce travail nous dirons :

L'élément de la parole à haute voix, et par conséquent l'élément phonétique du mot est la syllabe, ou son articulé. — Pour comprendre la formation d'un son articulé, il faut se représenter le courant d'air expiré mis en vibration en traversant la glotte, et devenant une onde sonore plus ou moins complexe, qui arrivant à l'oreille donnerait naissance à un son composé d'une longue suite d'harmoniques. Certains de ces harmoniques, en traversant le tuyau vocal convenablement dilaté ou retréci en ses divers points, sont renforcés, de sorte qu'au sortir des lèvres, le son a revêtu un timbre particulier, il est devenu voyelle; mais en même temps, les mouvements effectués par les parties mobiles du tuyau vocal ont ajouté à l'onde formée par la glotte certains mouvements vibratoires irréguliers, sifflement et roulement qui donnent au son émis par la bouche un caractère spécial, qui s'ajoute au timbre voyelle, lui fait éprouver une modification que l'on représente dans l'écriture par le signe nommé consonne. Au nombre des modifications du son voyelle, qui jouent un rôle considérable dans la prononciation, il faut ranger en première ligne celles résultant de la manière dont le son commence ou finit, les consonnes explosives, d, g et p, t, k, se forment par les différentes façons d'ouvrir et de fermer la bouche. Pour b et p, la fermeture s'obtient par les lèvres; pour p et t, par la langue et les dents de la mâchoire supérieure ; pour g et k, par le palais et les parties supérieures de la langue, on retrouve ainsi les divers groupes de consonnes admis par les grammairiens.

Jusqu'ici nos conclusions peuvent être acceptées sans conteste. Voici maintenant les points douteux et qui attendent des recherches plus approfondies. Les vocables assignées par Helmoltz aux diverses voyelles sont-elles en nombre suffisant? les procédés qui ont servi à les déterminer ont-ils toute la rigueur possible; enfin, n'a-t-on pas attribué un rôle trop important au renforcement de certains harmoniques, au préjudice de ces petits bruits accompagnateurs signalés par Donders, et qui, pour ce physicien, auraient sur la détermination du timbre voyelle une influence bien plus grande que le renforcement des harmoniques du son laryngien ? Voilà autant de points sur lesquel l'expérience seule permet de prononcer. Malheureusement, dans ce travail, nous ne pouvons présenter aucune recherche originale qui nous permette sinon de dissiper, au moins d'éclaircir toutes ces obscurités ; néanmoins nous nous estimerons heureux, si nous sommes parvenu à montrer que, grâce à quelques nouvelles expériences bien instituées, on parviendra à donner une théorie rationnelle et complète des phénomènes physiques de la parole.

INDEX BIBLIOGRAPHIQUE

Dans le Traité de physiologie de M. Longet, 3ᵉ édition, Paris, 1869, t. II, p. 708, et surtout dans celui de M. Béclard, 4ᵉ édition, Paris, 1863, se trouvent des articles bibliographiques très-détaillés ; aussi nous bornerons-nous à signaler ici quelques ouvrages et mémoires que nous n'avons point vus indiqués dans ces deux livres.

Du son en général.

Chladni. Traité d'acoustique, traduction française ; Paris, 1609, in-12.

Duhamel. Sur les résonnances multiples du corps. Annales de physique et de chimie, 3ᵉ série, t. XXV.

Tyndall. Le son, trad. de l'abbé Moigno ; Paris, 1869, in-8.

John Herschell. Treatise on sound in Encyclopedia metropolitana.

Radau. L'acoustique, ou les phénomènes du son ; Paris, 1867, in-12.

Cazin. Conférences sur le son. Revue des cours scientifiques, 28 juillet 1866.

Clausius. Chaleur, lumière et son. Revue des cours scientifiques, 20 janvier 1866.

Kœnig. Catalogue d'appareils d'acoustique ; Paris, 1865.

Pisko. Die neueren apparate der akustik ; Vienne 1865.

De la voix.

Planque. Article *Voix* de la bibliothèque choisie de médecine ; Paris, 1760, in-4.

Colombat. Sur le mécanisme des cris et leur intonation notée dans chaque espèce de douleur physique et morale ; Lancette française, 17 décembre 1839.

Bennati. Analyse du mémoire de Bennati sur la voix et Rapport fait sur ce mémoire, par Cuvier. Journal de Magendie, juillet 1830.

Savart et Deleau. Mémoire sur la voix, présenté à l'Académie des sciences, 17 mai 1829.

Deleau. Nouvelles recherches physiologiques sur les éléments de la parole qui composent la langue française ; Paris, 1830 ; brochure in-8.

Parole.

Gerdy. Mémoire sur la voix et sur la prononciation, faisant suite
à l'histoire de la voix, publiée dans la physiologie de cet
auteur ; Paris, 1842, in-8.

Ackermann. Essai sur l'analyse physique des langues ; Paris, 1838
in-8.

Humboldt. De l'origine des formes grammaticales et de leur influence sur le développement des idées, analysé par Ton-
nellé ; Paris, in-8.

Kersten. Essai sur l'activité du principe pensant dans langage.

Étude physique des voyelles.

Helmoltz. Extrait du mémoire d'Helmoltz (Poggendorff's Annales,
t. CVIII, octobre 1859, par Verdet), in Annales de physique
et de chimie, 3ᵉ série, t. LVIII, 1860.

Le même. Comptes-rendus de l'Académie de Munich, 1859,
nᵒˢ 67, 68, 69.

Le même. Théorie physiologique de la musique, trad. française ;
Paris, 1868, in-8.

Donders. Archiv. fur die Holländischen Beiträge für natur und.
Heitkunde, t. I, 1857 et 1863.

Brucke. Grandzüge der physiologie und systematik der sprach-
laute ; Vienne, 1856.

Czermak. Articles dans les sitzungsberichte derf K. K. Akademie
der Wissenschaften zu Vien.

Willis. On the vowel sounds and on Reed organ. pipes Transact.
of Cambridge Phil. Societ., t. III.

Wheatstone. London and Westminster Review, octobre 1857,
p. 34-37.

Max Muller. Lectures on the science of language, seconde série,
lecture III, traduction française ; Paris, 1867, p. 122.

Delitzsch. Physiologue und musik in hirer bedeutung für die
grammatik besonders die hebräische ; Leipzig, 1868.

TABLE DES CHAPITRES.

Paris. A. PARENT, imprimeur de la Faculté de Médecine, rue M^r-le-Prince, 31.